普通高等职业教育计算机系列规划教材

计算机文化基础实训教程

（Windows 10+Office 2016）

（第4版）

夏小翔　何　娴　　　　　主　编

韩世芬　胡燕刚　萧益民　廖　俊　　副主编

潘　涛　张光亚　杨殿生

电子工业出版社

Publishing House of Electronics Industry

北京·BEIJING

内 容 简 介

高职课程基于工作过程的教学是根据工作实际来确定典型的工作任务，并为实现任务目标而按完整的工作程序进行的教学活动，本书正是在这种思想的指导下编写的。

本书是与《计算机文化基础教程》一书配套使用的实训教材。本书围绕教学内容，以工作过程为导向，按照任务驱动方式精心安排了实训项目，项目 1 介绍计算机基础知识；项目 2 介绍 Windows 10 操作系统基础；项目 3 介绍文字处理软件 Word 2016；项目 4 介绍电子表格软件 Excel 2016；项目 5 介绍演示文稿软件 PowerPoint 2016；项目 6 介绍数据库管理系统 Access 2016；项目 7 介绍计算机网络和 Internet 应用。

本书既可作为高等院校非计算机专业相关课程的实训教材，又可作为自学参考书，同时可供参加全国计算机等级考试的人员参考。

图书在版编目（CIP）数据

计算机文化基础实训教程：Windows 10+Office 2016 / 夏小翔，何娴主编. —4 版. —北京：电子工业出版社，2017.9

普通高等职业教育计算机系列规划教材

ISBN 978-7-121-32315-7

Ⅰ. ①计…　Ⅱ. ①夏…　②何…　Ⅲ. ①Windows 操作系统—高等职业教育—教材②办公自动化—应用软件—高等职业教育—教材③Office 2016　Ⅳ. ①TP316.7②TP317.1

中国版本图书馆CIP数据核字（2017）第182524号

策划编辑：徐建军（xujj@phei.com.cn）

责任编辑：苏颖杰

印　　刷：涿州市京南印刷厂

装　　订：涿州市京南印刷厂

出版发行：电子工业出版社

　　　　　北京市海淀区万寿路 173 信箱　邮编　100036

开　　本：787×1 092　1/16　印张：10.25　字数：262 千字

版　　次：2008 年 6 月第 1 版

　　　　　2017 年 9 月第 4 版

印　　次：2022 年 8 月第 13 次印刷

定　　价：28.00 元

前 言
Preface

随着计算机技术的飞速发展，计算机在经济建设及社会发展中的地位变得日益重要，计算机应用能力已成为当代社会人们生活的基本需要。作为当代大学生，学好计算机文化基础是步入信息社会的基本要求。学习计算机文化的最终目的在于应用。经验证明，在掌握必要理论的基础上，上机实训操作才是提高应用能力的基础和捷径，只有通过实际的上机实训才能深入理解和牢固掌握所学的理论知识。

本书由长期从事计算机基础教育工作的人员编写，主要用于对计算机文化基础技能的强化训练。本书与《计算机文化基础教程》配套使用，以目前最为流行的操作系统 Windows 10 及 Office 2016 软件为基础进行编写，强调基础性与实用性，突出"能力导向，学生主体"原则，实行项目化课程设计，逐步提高学生计算机操作技能，注重培养学生解决实际问题的能力，从而达到提高学生综合素质的教学目标。

本书的每个实训项目都与《计算机文化基础教程》中的项目要求相对应，通过上机实训，将计算机基础知识与操作有机地结合在一起，不仅有利于快速掌握计算机操作技能，而且加深了对计算机基础知识的理解，从而达到巩固理论教学、强化操作技能的目的。实训项目中给出了详细的步骤，以满足初学者的要求。这些步骤仅供参考，读者不要受其束缚，完成实训项目的方法很多，关键是要抓住重点，开阔思路，提高分析问题、解决问题的能力。为此，我们在大部分章节后配有综合练习，帮助读者强化操作技能。

要特别说明的是，自 2013 年 9 月起，全国计算机等级考试系统升级改版，为了让读者能更方便地参加全国计算机等级考试，本书紧密围绕新大纲组织内容，希望对参加全国计算机等级考试一级 MS Office 的读者有所帮助。

本书由鄂州职业大学的夏小翔、何娴担任主编，韩世芬、胡燕刚、萧益民、廖俊、潘涛、张光亚、杨殿生担任副主编。项目 1 由胡燕刚、杨殿生编写，项目 2 由张光亚编写，项目 3 由廖俊、韩世芬编写，项目 4 由夏小翔编写，项目 5 由何娴编写，项目 6 由潘涛编写，项目 7 由萧益民编写。全书由肖力主审。

教材建设是一项系统工程，需要在实践中不断加以完善及改进，同时，由于时间仓促、编者水平有限，书中难免存在疏漏和不足之处，敬请同行专家和广大读者予以批评和指正。

编　者

目 录
Contents

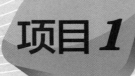

项目 1

计算机基础知识

1.1 认识计算机系统与常用设备

项目情境

胡小仙同学收到大学录取通知书，来到学校以后就读于计算机专业，听大二学长说，现在计算机的系统和设备更新很快，于是胡小仙同学向他们请教认识了现在的计算机系统的组成结构以及计算机的常用设备。

实训目的

（1）掌握计算机系统的组成。
（2）了解计算机系统的硬件组成与配置。
（3）培养对微型计算机硬件各组成部件的识别能力。

实训内容

1.1.1 计算机系统的组成

计算机系统由两大部分组成，即硬件系统和软件系统。计算机系统的组成如图1-1所示。

1.1.2 微型计算机的常用硬件设备

微型计算机一般由主机、显示器、键盘、鼠标、音响等设备构成，如图1-2所示。

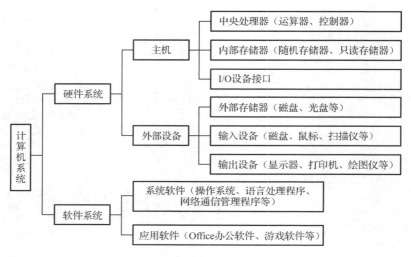

图 1-1　计算机系统的组成

图 1-2　微型计算机组成

1.1.3　启动和关闭计算机

1. 计算机启动

计算机的启动分为 3 种，分别是冷启动、热启动和复位启动。接通电源启动计算机的方式，称为冷启动。热启动是指在计算机已经开启的状态下，通过键盘重新引导操作系统，一般在死机时才使用，方法是左手按住"Ctrl"键和"Alt"键不放开，右手按下"Delete"键，然后同时放开。热启动不进行硬件自检。复位启动是指在计算机已经开启的状态下，按下主机箱面板上的复位按钮重新启动，一般在计算机的运行状态出现异常而热启动无效时才使用。

2. 计算机的关闭

计算机的关闭方法一共有 4 种，一是通过"任务管理器"的"开始"按钮——单击"关机"按钮关闭计算机；二是通过键盘上的"Ctrl+Alt+Delete"组合键打开"任务管理器"，单击"关机"标签完成关闭计算机；三是通过长按计算机机箱的电源键，持续 1min 左右，直到计算机关闭；四是通过切断计算机的供电完成计算机的关闭。

1.1.4　观察计算机机箱内部结构

1.　认识机箱

机箱作为计算机配件的一部分，主要作用是放置和固定各配件，起到承托和保护作用。此外，计算机机箱具有屏蔽电磁辐射的重要作用。综观个人计算机发展历史，机箱在整个硬件发展过程中的发展速度与其他主要硬件相比要慢很多，但也经历了几次大的变革，而每次变革都是为了适应新的体系架构，适应日新月异的主要硬件，如 CPU、主板、显卡之类。从 AT 架构机箱到 ATX 架构机箱，再到 BTX 架构机箱，到如今非常盛行的 38 度机箱，内部布局更加合理，散热效果更理想，再加上更多人性化的设计，无疑给个人带来更好的"家"。随着机箱的发展，各种外观和功能的机箱出现在人们的生活中，如图 1-3～图 1-5 所示。

图 1-3　塔式机箱

图 1-4　迷你机箱

图 1-5　DIY 机箱

2.　认识电源

计算机属于弱电产品，也就是部件的工作电压比较低，一般在±12V 以内，并且是直流电。

而普通的市电为220V（有些国家为110V）交流电，不能直接在计算机部件上使用。因此，计算机和很多家电一样需要一个电源部分，负责将普通市电转换为计算机可以使用的电压，一般安装在计算机内部。计算机的核心部件工作电压非常低，并且由于计算机工作频率非常高，因此对电源的要求比较高。目前计算机的电源为开关电路，将普通交流电转为直流电，再通过斩波控制电压，将不同的电压分别输出给主板、硬盘、光驱等计算机部件。

计算机电源的主要分为3种型号，分别是AT电源、ATX电源、Micro ATX电源。

（1）AT电源

AT电源的功率一般为150～220W，共有4路输出（±5V、±12V），另向主板提供一个P.G信号。输出线为两个6芯插座和几个4芯插头，两个6芯插座给主板供电。AT电源采用切断交流电网的方式关机。在ATX电源未出现之前，从286到586计算机由AT电源统一供电。随着ATX电源的普及，AT电源渐渐淡出市场。

（2）ATX电源

Intel公司于1997年2月推出ATX 2.01标准电源，和AT电源相比，其外形尺寸没有变化，主要增加了+3.3V和+5V StandBy两路输出和一个PS-ON信号，输出线改用一个20芯线给主板供电。有些ATX电源在输出插座的下面加了一个开关，可切断交流电源输入，彻底关机。

（3）Micro ATX电源

Micro ATX是Intel公司在ATX电源之后推出的标准电源，主要目的是降低成本。其与ATX的显著变化是体积和功率减小了。ATX的体积是150mm×140mm×86mm，Micro ATX的体积是125mm×100mm×63.51mm；ATX的功率在220W左右，Micro ATX的功率是90～145W。目前的主流电源如图1-6所示。

图1-6 主流电源

3. 认识CPU

目前全球生产CPU的厂家主要有Intel公司和AMD公司。Intel公司领导着CPU的世界潮流，从386、486、Pentium系列、Celeron系列、酷睿系列、至强到现在的I3、I5、I7，它始终推动着微处理器的更新换代。Intel公司的CPU不仅性能出色，而且在稳定性、功耗方面都十分理想，在CPU市场大约占据了80%的份额。下面通过表1-1和表1-2来看下CPU的相关性能参数。

表 1-1　Inte 酷睿 i7 7700K 的参数

基本参数	适用类型：台式机； CPU 系列：酷睿 i7 7 代系列； 制作工艺：14nm； 核心代号：Kaby Lake； CPU 架构：Kaby Lake； 插槽类型：LGA 1151； 封装大小：37.5mm×37.5mm
性能参数	CPU 主频：4.2GHz； 动态加速频率：4.5GHz； 核心数量：4； 线程数量：8； 三级缓存：8MB； 总线规格：DMI3 8GT/s； 热设计功耗（TDP）：91W
内存参数	支持最大内存：64GB； 内存类型：DDR4 2133/2400MHz，DDR3L 1333/1600MHz @1.35V； 内存描述最大内存通道数：2； ECC 内存支持：否
显卡参数	集成显卡：Intel HD Graphics 630； 显卡基本频率：350MHz； 显卡最大动态频率：1.15GHz； 显卡视频最大内存：64GB； 4K 支持：60Hz； 最大分辨率（HDMI 1.4）：4096×2304@24Hz； 最大分辨率（DP）：4096×2304@60Hz； 最大分辨率（eDP-集成平板）：4096×2304@60Hz； DirectX 支持：12，OpenGL 支持：4.4； 显示支持数量：3； 设备 ID：0x5912； 支持英特尔 Quick Sync Video、InTru 3D 技术、清晰视频核芯技术、清晰视频技术
技术参数	睿频加速技术支持，2.0 超线程技术支持； 虚拟化技术：Intel VT； 指令集 SSE4.1/4.2、AVX 2.0、64bit； 64 位处理器； 其他技术支持：增强型 SpeedStep 技术、空闲状态、温度监视技术、身份保护技术； AES 新指令：安全密钥、英特尔 Software Guard Extensions、内存保护扩展、操作系统守护、执行禁用位、具备引导保护功能的英特尔设备保护技术

表 1-2   AMD Ryzen 7 1800X 的参数

基本参数	适用类型：台式机； CPU 系列：Ryzen 7； 制作工艺：14nm； 核心代号：Summit Ridge； CPU 架构：Zen； 插槽类型：Socket AM4； 包装形式：盒装
性能参数	CPU 主频：3.6GHz； 动态加速频率：4GHz； 核心数量：8； 线程数量：16； 二级缓存：4MB； 三级缓存：16MB； 热设计功耗（TDP）：95W
内存参数	内存类型：DDR4 2667MHz（最高）； 内存描述最大内存通道数：2
技术参数	64 位处理器； 其他技术支持：AMD SenseMI 技术、不锁频、自适应动态扩频（XFR）

以上两款产品是目前市面上最新的 CPU，分别如图 1-7 和图 1-8 所示。通过其参数的对比我们可以得出以下结论：

（1）CPU 的制作工艺已经达到 14nm。

（2）CPU 原生态核心已经达到 8，超线程技术达数量 16 个。

（3）CPU 的主频达到 4.2GHz，动态加速下可以达到 4.5GHz。

（4）CPU 支持的最大内存容量 64GB，内存类型为 DDR42667MHz，最大内存通道数 2。

（5）CPU 集成了显卡核心功能。

（6）CPU 都拥有超线程技术、64 位指令系统，具有不同的封装技术和睿频技术。

图 1-7   Intel 酷睿 i7 7700K

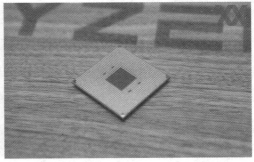

图 1-8　AMD Ryzen 7 1800X

4. 认识内存

内存主要分为内存储器和外存储器。内存储器又分为随机读/写存储器（Random Access Memory，RAM）、只读存储器（Read Only Memory，ROM）和高速缓冲存储器（Cache）3 类。其中，Cache 都被集成封装在 CPU 中，而且缓存的结构和大小对 CPU 速度的影响非常大。外存储器是指除计算机内存及 CPU 缓存以外的存储器，此类存储器一般断电后仍然能保存数据。常见的外存储器有硬盘、软盘、光盘、U 盘等。目前的主流内存条 DDR4 如图 1-9 所示。内存储器的性能主要由以下几个方面决定。

（1）内存容量：目前单根内存容量最大已经达到 16GB。

（2）内存类型：DDR1、DDR2、DDR3、DDR4、DDR5。

（3）内存的主频：主流频率都在 2400MHz，最高能到 3000MHz。

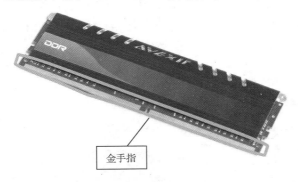

金手指

图 1-9　DDR4 内存条

内存条金手指就是内存片与主板插槽连接的、排列整齐的一排触点，一般是镀金处理的。当内存条的触点受到污染或金膜脱落产生氧化时，可用橡皮擦除污物或氧化物。

目前计算机系统中的外存储器主要是硬盘。硬盘有固态硬盘（SSD，新式硬盘）、机械硬盘（HDD，传统硬盘）（如图 1-10 所示）、混合硬盘（HHD，一块基于传统机械硬盘诞生的新硬盘）。SSD 采用闪存颗粒来存储，HDD 采用磁性碟片来存储，混合硬盘是把磁性硬盘和闪存集成到一起的一种硬盘。机械硬盘的参数主要有以下几个方面。

（1）硬盘的容量：目前主流为 1TB，也有 2TB、3TB 甚至更大的。

（2）硬盘的缓存：目前主流为 64MB，最大有 128MB，转速为 7200r/min。

（3）硬盘的接口类型：SATA1.0、SATA2.0、SATA3.0，目前主流的是 SATA3.0。

图 1-10　机械硬盘

（4）硬盘的接口速率：6GB/s。

固态硬盘根据接口类型不同又分为 SATA（如图 1-11 所示）、M.2（如图 1-12 所示）、PCI-E（如图 1-13 所示）、mSATA（如图 1-14 所示）4 种类型。主要参数有如下。

（1）固态硬盘容量：目前主流为 128B、250GB，也有 500GB 和 1TB 的，售价非常贵。

（2）固态硬盘接口类型：SATA、M.2、PCI-E、mSATA。

（3）固态硬盘闪存架构：目前主流的 SSD 中主要采用的是 MLC NAND 闪存芯片与 SLC 闪存芯片。随着技术的发展，如今采用 TLC NAND 闪存芯片的 SSD 也已经出现。

（4）固态硬盘读/写速度：比普通的机械硬盘快 3～4 倍，一般可以达到 500MB/s 甚至更高。

图 1-11　SATA 固态硬盘

图 1-12　M.2 固态硬盘

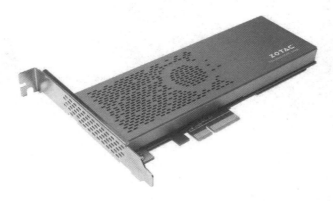

图 1-13　PCI-E 固态硬盘

图 1-14　mSATA 固态硬盘

5．认识主板

主板，又叫主机板（mainboard）、系统板（systemboard）或母板（motherboard），它安装在机箱内，是微机最基本、最重要的部件之一。主板一般为矩形电路板，上面安装了组成计算机的主要电路系统，一般有 BIOS 芯片、I/O 控制芯片、键盘和面板控制开关接口、指示灯插接件、扩充插槽、主板及插卡的直流电源供电接插件等。主板的另一特点是采用了开放式结构。主板上大都有 6～8 个扩展插槽，供 PC 外围设备的控制卡（适配器）插接。通过更换这些插卡，可以对微机的相应子系统进行局部升级，使厂家和用户在配置机型方面有更大的灵活性。目前主流主板的结构图如图 1-15 所示。

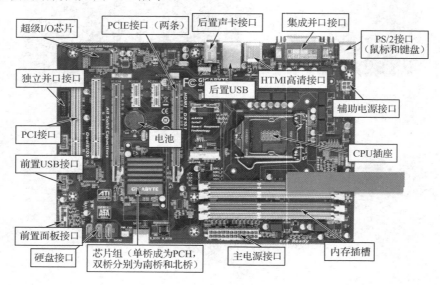

图 1-15　主流主板的结构图

目前主板的主要参数有以下几方面。

（1）主板芯片组：分为支持 Inter 公司和 AMD 公司的两种芯片。

（2）主板板型：AT、babyAT、ATX、BTX、一体化（ALL in one）主板、NLX 等，目前用得最多的是 ATX 结构的主板。

（3）主板内存规格：支持的内存类型从 DDR1 到 DDR4，内存插槽一般是 2～4 条，最大内存容量从最初的 1GB 逐渐增加到现在的 64GB。

（4）主板展插槽：目前主流的主板都有 PCI-E 3.0、3×PCI-E X16 显卡插槽，存储接口为 1×M.2 接口、1×SATA Express 接口、6×SATA III 接口。

（5）主板的 I/O 接口：1 个 USB3.1 Type-A 接口、1 个 USB3.1 Type-C 接口、6 个 USB2.0 接口、1 个 HDMI 接口、1 个 DVI 接口、1 个 Display Port 接口、1 个 8 针电源插口，1 个 24 针电源接口；其他接口有 1 个 RJ45 网络接口、1 个光纤接口、音频接口。

6. 认识显卡

显卡（video card，graphics card）全称为显示接口卡，又称显示适配器，是计算机最基本配置、最重要的配件之一。显卡作为计算机主机里的一个重要组成部分，是计算机进行数模信号转换的设备，承担输出显示图形的任务。显卡接在计算机主板上，它将计算机的数字信号转换成模拟信号让显示器显示出来。同时，显卡还是有图像处理能力，可协助 CPU 工作，提高整体的运行速度。对于从事专业图形设计的用户来说，显卡非常重要。

显卡根据显示芯片又分为集成显卡和独立显卡，集成显卡是将显示芯片、显存及其相关电路都集成在主板上，与其融为一体；独立显卡（如图 1-16 所示）是指将显示芯片、显存及其相关电路单独做在一块电路板上，自成一体，作为一块独立的板卡存在，它需占用主板的扩展插槽（ISA、PCI、AGP 或 PCI-E）。

图 1-16　主流显卡

目前主流显卡的主要技术参数有以下几方面。

（1）显卡的芯片：分为 NVIDIA GeForce GTX 系列、N 卡和 AMD 系列。目前主流显卡的芯片是 GTX 1050GTX、1050Ti、GTX 1060 和 R9 380、R9 380X、RX 470、RX 480。

（2）显卡的核心频率和显存频率：以影驰 GeForce GTX 1060 为例，它的核心频率为 1544/1759MHz，显存频率为 8000MHz。数值越大显卡性能越好。

（3）显存容量：1GB、3GB、6GB，数值越大越好。

（4）显卡显存位宽：128bit、256bit、384bit，数值越大越好。

（5）显卡 CUDA 核心：CUDA 核心也叫 SP（Stream Processor）。NVIDIA 对其统一架构 CPU 内通用标量着色器的称谓。这个 CUDA 核心的个数从几百到几千，数值越大越好，也是衡量显卡性能的一个重要参数指标。

（6）显卡接口类型：目前主流显卡都支持 HDMI 接口、DVI 接口、DisplayPort 接口。

7. 认识显示器

显示器（display）通常也称监视器。显示器属于计算机的 I/O 设备，即输入/输出设备。它是一种将一定的电子文件通过特定的传输设备显示到屏幕上，再反射到人眼的显示工具。根据制造材料的不同，显示器可分为阴极射线管显示器（CRT）、等离子显示器（PDP）、液晶显示器（LCD）。目前 CRT 显示器已经被淘汰，主流使用的显示器都是 LCD，如图 1-17 所示。

图 1-17　液晶显示器（LCD）

以飞利浦 274E5QSB/93 为例，目前主流显示器的主要技术参数见表 1-3。

表 1-3　274E5QSB/93 的参数

基本参数	数　据	显示参数	数　据
产品类型	LED 显示器，广视角显示器	点距	0.311mm
屏幕尺寸	27in	亮度	250cd/m^2
最佳分辨率	1920×1080	可视面积	597.89mm×336.31mm
屏幕比例	16：9（宽屏）	可视角度	178°/178°

续表

基本参数	数　据	显示参数	数　据
高清标准	1080p（全高清）	显示颜色	16.7M 纠错
面板类型	AH-IPS	扫描频率水平	30～83kHz
背光类型	LED 背光	垂直	56～75Hz
动态对比度	2000 万∶1	灯管寿命	30000h
静态对比度	1000∶1		
黑白响应时间	14ms		

8. 认识输入设备和输出设备

计算机中最重要的输入设备就是鼠标（如图 1-18 所示）和键盘（如图 1-19 所示），输出设备有很多，如显示器（如图 1-20 所示）、音响（如图 1-21 所示）、打印机（如图 1-22 所示）。目前使用的鼠标多是光电鼠标，还有各种带功能键的鼠标。键盘目前主流使用的是机械键盘和静电电容键盘。

图 1-18　多功能鼠标

图 1-19　机械键盘

图 1-20　苹果显示器

图 1-21　多媒体音响　　　　　　　　图 1-22　彩色打印机

1.2　微型计算机的个人组装

➡ 项目情境

胡小仙同学通过第一个实训任务的学习，了解了微型计算机各个部件的相关功能和参数。通过自己课上的学习和课后的资料查找，胡小仙同学决定购买配件组装一台属于自己的计算机。

➡ 实训目的

（1）认识和学会使用微型计算机硬件组装中的常用工具。
（2）了解微型计算机硬件配置、组装的一般流程和注意事项。
（3）学会自己动手配置、组装一台微型计算机。
（4）了解多媒体计算机故障的处理方法。

➡ 实训内容

1.2.1　微型计算机配置清单

本次实训 DIY 微型计算机采用的是目前的主流配置，该套配置能满足大家的日常学习、娱乐需求。采用的是 Intel 公司的平台，具体配置单详见表 1-4。

表 1-4　DIY 计算机配置清单

名　　称	型　　号
处理器（CPU）	Intel 酷睿 i5-7500
主板	七彩虹 战斧 C.B250M-HD 魔音版 V20
内存	金士顿骇客神条 FURY 8GB DDR4 2400
硬盘	OCZ 120GB/希捷 1TB 机械硬盘
显卡	iGame 1060 烈焰战神 X-6GD5 Top

续表

名　称	型　号
显示器	三星 S27D360H
散热器	Tt Ring S300
电源	爱国者 电竞 500
键鼠	罗技 MK260 键鼠套装
机箱	爱国者 月光宝盒曜
光驱	无
合计	

1.2.2　微型计算机安装流程

微型计算机的安装没有绝对的安装顺序，有的是先装主板再装电源，有的是先装电源再安装主板，要根据实际情况进行。下面提供一个比较可行的安装流程，一共 12 步，可以作为参考。

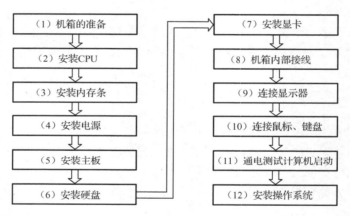

1.2.3　微型计算机安装实施步骤

1. 机箱的准备

打开机箱的外包装，可以看到包装盒内有许多附件、螺钉、挡板片，在安装的过程中，会一一用到它们。取下机箱外壳，如图 1-23 所示，会发现整个机箱的机架由金属组成，其中有 5in 固定架可以用来安装硬盘和光驱；机箱一侧的一块大铁板称为底板，底板上的铜柱用来固定主板；机箱背部的槽口和多块挡片可以拆下，用来连接外部设备，如鼠标、键盘、显示器等。

2. 安装 CPU 和风扇

CPU 是计算机的"大脑"，装机第一步通常是先将 CPU 安装完毕再安装散热器。随着科技的进步，目前的计算机配置也越来越高，酷睿 i3 目前依然是主流，不过随着不少新品游戏的逐渐发布以及处理器新品的出现，目前主流游戏装机用户也越来越偏向酷睿 i5 中高端装机平台。凭借新架构和新工艺优势，Intel Sandy Bridge 平台在高清、游戏和视频制作方面都表现出了极为优秀的性能。本次实训我们采用了酷睿 i5 7500 处理器。

图 1-23　ATX 机箱结构

　　第一步：将主板从主板盒子里拿出，放到保护垫下面。主板出厂时，CPU 底座都是用塑料保护盖和金属卡子卡好的。打开 CPU 的金属保护套，对准处理器上的金色三角标识（如图 1-24 所示），轻轻放下即可。避免把 CPU 底座的引脚弄歪，仍是装机时必须注意的一件事情。

图 1-24　CPU 对齐金色三角标识

　　第二步：四四方方的处理器与主板插槽在大小规格方面完全吻合。用户在安装 CPU 时需要将 CPU 插槽的压杆"拉"起，并将 CPU 口盖立起来。安装完毕以后将压杆放下，如图 1-25 所示。

图 1-25　放下压杆

第三步：一般情况下 CPU 需要涂抹一层薄薄的硅脂，这样有利于 CPU 导热（散热）。实训采用的盒装散热风扇默认是提供硅脂的（如图 1-26 所示），所以无须再额外涂抹硅脂。散热风扇是有电源导线的，大家需要先找到主板上 CPU FAN 提示插孔将风扇供电插入。Intel 原装散热风扇采用按压式，按压散热器时需要用户采用对角线按压的方法进行组装，如图 1-27 所示。

图 1-26　盒装散热风扇提供的硅脂

图 1-27　需要用户按压固定扣具

3. 安装内存条

在安装完 CPU 后，装机已经完成 1/5 了。主板上还设有很多插槽，内存插槽就是其中之一，一般在 CPU 插槽旁边。接下来介绍如何安插双通道内存。

我们可以看到，内存插槽上面有个"防呆插"凹槽，如图 1-28 所示，我们或许在主板上可以找到两种颜色的插槽，如果是双通道，那么需要将两条内存分别插在颜色相同的两个内存插槽中。一般我们可以从最外层插槽开始插内存。

图 1-28　内存条"防呆插"凹槽

　　插内存条时需要双手先将内存插槽扣具打开，将内存条放入到插槽中，双手垂直按住内存条的两端用力向下按压，如图 1-29 所示。内存条安装完毕后，还要检查内存扣具是否锁定。

图 1-29　双手将其垂直插入

　　安装内存条要注意以下两点：
　　（1）双通道内存要分清插槽颜色，选颜色相同的内存插槽插。
　　（2）安装内存条需要双手将其垂直插入，并检查内存扣具是否锁定。

4．安装电源

　　因为要背部走线，所以先安装电源比较方便。首先拿出电源（如图 1-30 所示），将电源放置到机箱，如图 1-31 所示。安装的时候一定要让风扇面向机箱内部，这样有利于散热。然后将固定螺钉拧上，如图 1-32 所示。将电源线从背部出线口穿过，穿过后再从两个进线口穿到机箱内，穿进的时候要根据主板插口位置和硬盘固定位置选择进线口。现在的机箱内部一般都背部走线，在安装主板前要整理电源线。

图 1-30　机箱电源

图 1-31　放入机箱内部

图 1-32　固定机箱电源

5．安装主板

第一步：整理机箱内部线路。通常为了机箱内部整齐美观，现在大多人选择背部走线。安装好机箱侧面挡板，如图 1-33 所示。

图 1-33　安装机箱侧面挡板

第二步：将主板平放到机箱内部。对准螺钉孔，加以固定，如图 1-34 所示。

第三步：将机箱内部线路与主板连接。电源供电导线与主板上的供电接口连接，如图 1-35 所示。

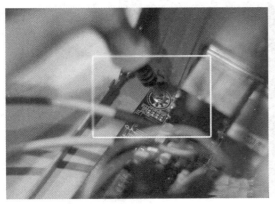

图 1-34　固定主板　　　　　　　　　　　　　图 1-35　连接主板供电

6. 安装硬盘

现在主流组装计算机都安装两块硬盘：一块 SSD 固态硬盘作为系统启动盘，另一块机械硬盘作为资料存储盘。在安装硬盘的过程中，可以利用硬盘固定架将机械硬盘固定在硬盘架上，放入机箱合适的位置。由于该硬盘架采用的是推入试，直接将硬盘推进机箱内部固定即可，如图 1-36 所示。

机械硬盘装完后，按同样的方法固定 SSD，如图 1-37 所示。硬盘架内部有 4 个预留的螺钉位，将 OCZ ARC100 的 4 个角分别固定即可。当然也提醒大家，需要按照图 1-31 中所示的方向来固定硬盘和硬盘架，并推出机箱，从而让硬盘的 SATA 口和供电口都冲向一面，更利于走线的位置，如图 1-38 所示。

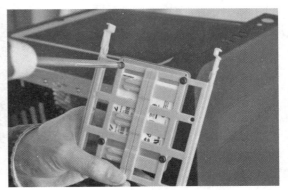

图 1-36　安装机械硬盘　　　　　　　　　　　图 1-37　固定 SSD 固态硬盘

7. 安装显卡

电源与硬盘安装完成之后，接下来是显卡的安装。在组装计算机中，只需要将显卡安装在主板 PCI 显卡插槽上，然后将其固定在机箱中即可，如图 1-39 所示。安装显卡的时候，需要先将显卡供电插上，如图 1-40 所示。显卡安装完成后，再检查下内部硬件是否都安装到位。

最后我们将进入下一个环节：硬件供电线路的连接以及走线和整理电源线。

图 1-38　安装 SSD 固态硬盘

图 1-39　安装显卡

图 1-40　先安装显卡供电

8. 机箱内部供电线路的接线

我们已将所有硬件大致安装完成了，不过各硬件与主板和电源供电线路连接都还没有进行，因此最后是供电线路的走线以及理线环节。哪些硬件需要连接电源线和与主板连接？如表 1-5 所示。

表 1-5　需要连接主板或电源的硬件一览表

配件名称	是否需要连接主板	是否需要连接电源线
CPU	需要	需要
散热器	需要	
显卡	需要	需要
内存	需要	
硬盘	需要	需要

根据机箱内部分析观察，目前只剩下 CPU、显卡、硬盘、主板还没有连接电源线，另外机械硬盘和固态硬盘还需要通过 SATA 数据线与主板连接。首先将电源线中的 4Pin 接口插入主板的 CPU 供电插槽，如图 1-41 所示。

图 1-41　CPU 供电线路连接

机械硬盘和固态硬盘还需要连接电源线，另外还需要连接主板。这里要注意：硬盘接口方向需要统一冲向机箱正面的右侧，这样可以让线路更顺畅，方便理线，如图 1-42 所示。

至此，我们已经完成了计算机内部硬件的供电路线以及数据线和理线操作，DIY 组装计算机就要完成了。最后，主要是机箱中的跳线以及机箱散热器的供电线路连接，这些线路基本都是连接主板，由主板满足供电的。

图 1-42　硬盘数据线连接

9. 机箱跳线的连接

最后进行的就是主板跳线的连接了，主要为机箱中的电源键、重启键、USB 接口以及耳机接口与主板连接。只有连接了，才能通过机箱上的按钮控制计算机开关机、使用耳机和 USB 接口等，如图 1-43 所示。

图 1-43　连接机箱与主板跳线

这是装机新手最头痛的部分。前置面板插针由于采用了分别插针设计，所以需要分清楚开关机、重启、电源灯、硬盘指示灯这 4 个部分，需要分别接到对应的位置。主板上虽然没有标明，但在主板说明书上有清晰的图文指导，这里就不细说了。大家需要主要的是，硬盘灯和电源灯的插针需要按照正、负极连接，否则将没有响应，如图 1-44 所示。

图 1-44　指示灯连接线

DIY 装机到此时基本上可算大功告成，接下来就是连接显示器及连接鼠标和键盘，这里就不再详细说明。连接完之后，通上电源，就可以安装系统了。系统的安装我们将在项目 2 中学习，这里不详细介绍。总之，系统安装完成以后我们才能使用计算机，才能安装我们想要的软件来学习和娱乐。

1.3　指法的训练

➡ 项目情境

胡小仙同学通过自己的不懈努力，在老师和同学的相互帮助下，自己成功组装了一台计算机。在组装的过程中，胡小仙同学迎难而上，克服了所有的困难，从实训中学到了很多关于计算机硬件的知识。听同学说，学习计算机需要掌握一门输入法。五笔输入法是目前最快的打字输入法。于是胡小仙同学找来了相关的资料，决定从头开始学习五笔打字。

实训目的

（1）学会键盘的基本使用方法。
（2）熟悉键盘结构，学习正确的击键方法。
（3）熟记各键的位置及常用键、组合键的使用。
（4）掌握五笔输入法的诀窍。

实训内容

1.3.1 键盘的结构

键盘是计算机中使用最普遍的输入设备，它一般由按键、导电塑胶、编码器以及接口电路等组成。

在键盘上通常有上百个按键，每个按键负责一个功能，当用户按下其中一个键时，键盘中的编码器能够迅速将此按键所对应的编码通过接口电路输送到计算机的键盘缓冲器中，由 CPU进行识别处理。通俗地说，当用户按下某个按键时，它会通过导电塑胶将线路板上的这个按键排线接通，产生的信号会迅速通过键盘接口传送到 CPU 中。

高效率的打字方法需要"十指齐用"，其中拇指只负责按"空格"键，其他 8 个手指通常依照如图 1-45 所示的方式分配键位。

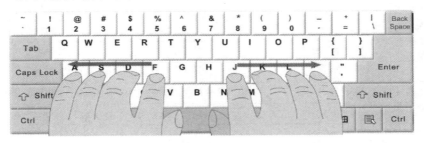

图 1-45 键盘主要输入区的指位分配

1.3.2 键盘的布局和功能

键盘分为主键盘区、功能键区、编辑键区、数字键区和其他功能键区，如图 1-46 所示。

（1）主键盘区：是键盘中的主体部分，共有 61 个键位，包括 26 个字母键、10 个数字键、21 个符号键和 14 个控制键，用于输入数字、文字、符号等。

（2）功能键区：是键盘最上面的一排键位，包括取消键 Esc、特殊功能键 F1～F12 和屏幕打印键 Print Screen、滚动锁定键 Scroll Lock、暂停键 Page Break。

（3）编辑键区：位于主键盘区的右侧，主要用于对光标进行移动操作。

（4）数字键区：位于编辑键区的右侧，主要用于输入数字以及加、减、乘、除等运算符号。

数字键适用于处理大量数字的人员，如银行职员、大型超市的收银员等。

（5）在数字键区上方还有 Num Lock 数字键盘的锁定灯、Caps Lock 大写字母锁定灯和 Scroll Lock 滚屏锁定灯 3 个状态指示灯。

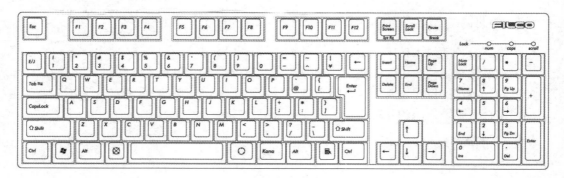

图 1-46　键盘示意图

键盘常用键的作用如表 1-6 所示。

表 1-6　键盘常用键的作用

按　　键	名　　称	作　　用
Space	空格键	按一下产生一个空格
Backspace	退格键	删除光标左边的字符
Shift	换挡键	同时按下 Shift 键和具有上下挡字符的键，上挡符起作用
Ctrl	控制键	与其他键组合成特殊的控制键
Alt	控制键	与其他键组合成特殊的控制键
Tab	制表定位键	按一次，光标向右跳 8 个字符位置
CapsLock	大小写转换键	CapsLock 灯亮为大写状态，否则为小写状态
Enter	回车键	命令确认，且光标移到下一行
Ins（Insert）	插入覆盖转换键	插入状态时在光标左边插入字符，否则覆盖当前字符
Del（Delete）	删除键	删除光标右边的字符
PgUp	向上翻页键	光标定位到上一页
PgDn	向下翻页键	光标定位到下一页
NumLock	数字锁定转换键	NumLock 灯亮时小键盘数字键起作用，否则为下挡的光标定位键起作用
Esc	强行退出键	可废除当前命令行的输入，等待新命令的输入；或中断当前正在执行的程序

1.3.3　正确的击键姿势

1. 正确的键盘操作姿势

（1）坐椅高度合适，坐姿端正自然，两脚平放，全身放松，上身挺直并稍微前倾。

（2）两肘贴近身体，下臂和腕向上倾斜，与键盘保持相同的斜度；手指略弯曲，指尖轻放在基本键位上，左右手的大拇指轻轻放在空格键上。

（3）按键时，手抬起伸出要按键的手指按键，按键要轻巧，用力要均匀。

（4）稿纸宜置于键盘的左侧或右侧，便于视线集中在稿纸上。

2．正确的键盘指法

键盘指法就是按键的手指分工。按键的排列是根据字母在英文打字中出现的频率而精心设计的，如图 1-47 所示。正确的指法可以提高手指击键的速度，同时也可提高文字的输入速度。

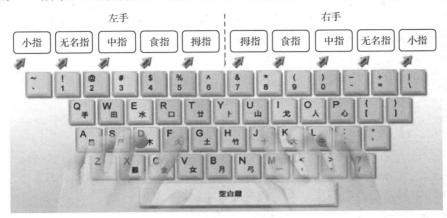

图 1-47　正确的键盘指法

3．正确的击键方法

（1）击键时用各手指的第一指腹击键。

（2）击键时第一指关节应与键面垂直。

（3）击键时应由手指发力击下。

（4）击键时先使手指离键面约 2～3cm，然后击下 。

（5）击键完成后，手指应立即归位到基本键位上。

（6）不击键的手指不要离开基本键位。

（7）不需要同时击两个键时，若两个键分别位于左右手区，则由左右手各击相对应的键。

这些姿势要通过多练习才能更好地掌握，一定要按正确的方法来打字。良好的打字姿势和习惯只有多加练习，才能慢慢养成。

1.3.4　键盘各键的练习

1．基准键的练习

基准键也叫原位键，是打字时手指应保持的固定位置，击打其他键都是以基准键来定位的。在进行基准键练习时，手指击键后仍放在原位键上。

输入以下字符，反复练习击打基准键：

add add add add all all all all dad dad dad dad

ask ask ask ask sad sad sad sad fall fall fall fall

add all dad ask fall alas flask add ask lad sad fall

2．I、E 键的练习

I、E 键分别由左手中指和右手中指弹击。击键时，手指从基准键出发，击完后手指立即回到基准键位上。同时注意其他手指不要离开基准键，小拇指不要翘起。

输入以下字符，反复练习击打 I、E 键：

fed fed fed fed eik eik eik eik lid lid lid lid

desk desk desk desk jade jade jade jade less less

said said said said leaf leaf leaf leaf fade fade

3. G、H 键的练习

G、H 键在 8 个基准键中央，分别由左手食指向右伸出一个键位的距离、右手食指向左伸出一个键位的距离弹击，击完后手指立即回到基准键位。

输入以下字符，反复练习击打 G、H 键：

gall gall gall gall fhss fhss fhss fhss fhgl fhgl

hasd hasd hasd hasd sgds sgds sgds sgds hkga hkga

glad glad glad glad half half half half shds shds

4. R、T、U、Y 键的练习

R、T 键和 U、Y 键分别由左手食指和右手食指弹击，开始速度不宜快，体会食指微偏左向前伸和微偏右向前伸所移动的距离和角度，击完后手指立即回到基准键位。

输入以下字符，反复练习击打 R、T、U、Y 键：

gart gart gart gart fuss fuss fuss fuss furl furl

hard hard hard hard suds suds suds suds lurk lurk

rual rual rual rual adult adult adult adult altar

5. W、Q、O、P 键的练习

Q、W 键和 Q、P 键分别由左手及右手的无名指、小拇指弹击。注意小拇指击键准确度差，应反复练习小拇指击键和回位的动作。

输入以下字符，反复练习击打 W、Q、O、P 键：

ford ford ford ford blow blow blow blow spqg spqg

cout cout cout cout swle swle swle swle quest quest

ough ough ough ough toward toward toward toward

6. V、B、M、N 键的练习

V、B 键和 M、N 键分别由左右手的食指弹击。注意体会食指移动的距离和角度，击完后手指立即回到基准键。

输入以下字符，反复练习击打 V、B、M、N 键：

vest vest vest vest time time time time alms alms

verb verb verb verb mine mine mine mine value value

7. C、X、Z 键的练习

用左手中指、无名指、小拇指分别弹击 C、X、Z 键，手指向手心方向微偏右屈伸，击完后手指立即回到基准键。

输入以下字符，反复练习 C、X、Z 键的操作：

rich rich rich rich text text text text xrox xrox

quch quch quch quch xfar xfar xfar xfar zbet zbet

exec exec exec exec frenzy frenzy frenzy frenzy

8. 主键盘区数字键的练习

数字键离基准键较远，弹击时必须遵守以基准键为中心的原则，依靠左右手的敏锐度和准确的键位感来衡量数字键与基本键的距离和方位。

弹击 1 键时，左手小拇指向上偏左移动，越过 Q 键；依照前一动作，用左手无名指弹击 2 键，用左手中指弹击 3 键。

弹击 4 键时，左手食指向上偏左移动，越过 R 键；弹击 5 键时，左手食指向上偏右移动。

弹击 6 键时，右手食指大幅度向左上方伸展；弹击 7 键时，右手食指向上偏左移动，越过 U 键。

弹击 8 键时，右手中指向上偏左移动，越过 I 键；依照前一动作，用右手无名指弹击 9 键，用右手小拇指弹击 0 键。

输入以下字符，反复练习击打数字键：

1234 3456 2398 9807 6436 12.4 3.56 87.9 34.9 5.78

a12 ab3 s2d 345 123 789 907 1ST 2Nd 3RD 4TH 5TH

JANUARY 15 1994 May 5 1994 BUS NO.6 ROOM 567

9. 常用键和符号键的练习

（1）空格键

空格键在键盘的最下方，它用大拇指控制。击键的方法是右手从基准键位垂直上抬 1～2cm，大拇指横着向下击空格键，击键完毕立即缩回。

（2）回车键

回车键在键盘上用 Enter 来表示，它应该由右手的小拇指来控制。击键方法是抬右手，伸小拇指弹击回车键，击键完毕立即回到基准键位。

（3）Shift 键

Shift 键的作用是用于控制换挡。在键盘上，如果一个键位上有两个字符，那么当需要输入上挡字符时就必须先按住 Shift 键，再弹击上挡字符所在的键。

Shift 键是由小拇指控制的。为使操作起来方便，键盘的左右两端均设有一个 Shift 键。如果待输入的字符是由左手控制的，那么事先必须用右手的小拇指按住 Shift 键，再用左手的相应手指弹击上挡字符键；如果待输入的字符是右手控制的字键，那么事先必须用左手的小拇指按住 Shift 键，再用右手的相应手指弹击上挡字符键。只有上挡字符键弹击完毕后，左右手的手指才能回到基准键位上。

（4）符号键

键盘上还有一些其他字符，如 "+"、"-"、"*"、"/"、"("、")"、"#"、"!"、"@"、"？"、"&"、":"、"$"、"%" 等。这些字符的输入也必须按照它们各自的指法分区，用相应的手指按规则输入。只要我们熟悉了字母 Shift 键的击键原则和方法，那么这些字符的输入是不难体会和掌握的。

输入以下字符，反复练习击打符号键：

+++++ ***** ----- （）（）（）（）（）#####

!!!!!　$$$$$ &&&&& ?????

1.4　金山打字通的安装与操作

📌 项目情境

胡小仙同学通过前一个实训项目的学习，了解了键盘的相关功能和参数，熟悉掌握了正确的打字姿势和击键方法。在实际打字过程中，胡小仙同学感觉自己的打字速度比一般同学要慢，于是向学长请教如何提高打字速度。学长告诉他，有一款叫作"金山打字通"的软件可以提高初学者的打字速度和培养打字习惯。胡小仙同学从网上下载了这款软件，开始进行软件安装与学习。

➡ 实训目的

（1）学会正确安装金山打字通软件。
（2）了解金山打字通软件的界面操作。
（3）了解金山打字通软件的版本介绍和相关功能。
（4）学会使用金山打字通软件进行各种打字练习。

➡ 实训内容

1.4.1 软件的安装

金山打字通一直以来都被计算机爱好者认为是学习和熟悉计算机输入的首要工具之一。金山公司发布的金山打字通已经升级到 2016 版本，可以通过官网免费下载。金山打字通 2016 依然秉承了免费使用的原则。软件的安装非常简单，从网站下载好软件源程序，双击软件安装源程序，弹出安装界面对话框，如图 1-48 所示。按提示单击"下一步"按钮，直到该软件完成。该软件不仅可以兼容从 Windows XP 到目前所有常见的 PC 操作系统，甚至是微软最新的 Windows10 操作系统也能毫无问题地运行。但安装时该软件会推荐一些其他应用程序，因此在选择组件时需要注意这些软件是否是自己所需要的。

图 1-48　金山打字通的安装

安装完成以后，启动金山打字通 2016，如图 1-49 所示。可以看到，软件设计了全新的启动界面，非常简洁，中间只有"新手入门"、"英文打字"、"拼音打字"和"五笔打字"4 个启动按钮，右下角有"打字测速"、"打字教程"、"打字游戏"、"在线学习"和"安全上网"5 个启动按钮。

图 1-49　金山打字通的主界面

1.4.2　软件的操作

1. 输入练习

开始使用金山打字通 2016 软件时，系统要求先注册一个账户，如图 1-50 所示。注册完毕以后，单击软件主界面上的"新手入门"按钮，弹出如图 1-51 所示窗口，可以看到新手学习打字主要从"打字测速"、"字母键位"、"数字键位"、"符号键位"和"键位纠错" 5 个方面开始。

图 1-50　注册界面

图 1-51　新手入门界面

如果你还是一位计算机的初学者，连键盘上的按键位置都还不熟悉，那么就需要从英文输入练起。通过金山打字通 2016 中的"英文打字"（如图 1-52 所示），可以从最基本的手指放置到每个手指所对应的键位练习，循序渐进地完成从单词输入到文章输入的过渡。

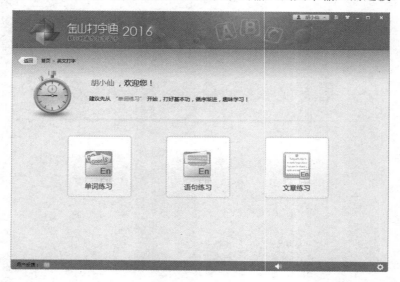

图 1-52　英文打字界面

值得一提的是，金山打字通 2016 还会根据用户的练习过程及成绩，生成用户经常输入错误的地方，用户可以根据这些出错点进行针对性的练习，最终让一个初学者仅用很短的时间就可以熟练掌握文章的输入甚至盲打。

除了英文以外，中文是大家最常输入的内容。常见的中文输入法分为拼音和编码两大类。金山打字通 2016 软件中的"拼音打字"（如图 1-53 所示）主要从"拼音输入法"、"音节练习"、"词组练习"和"文章练习" 4 个方面对初学者的中文输入进行训练。

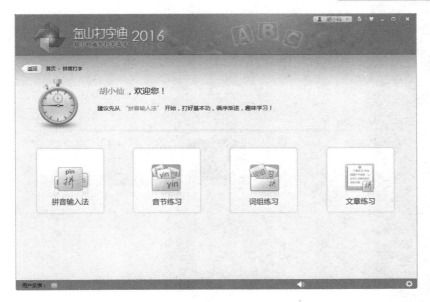

图 1-53　拼音打字界面

　　金山打字通 2016 中的"五笔打字"（如图 1-54 所示）主要从"五笔输入法"、"字根分区及讲解"、"拆字原则"、"单字练习"、"词组练习"和"文章练习"6 个方面对初学者进行训练。

图 1-54　五笔打字界面

2．寓教于乐

　　长时间的输入练习不免让人感到枯燥乏味，如果能在游戏中学习就能让人轻松不少。金山打字游戏 2016 为用户提供了生死时速、太空大战、鼠的故事、激流勇进、拯救苹果等 5 款打字游戏，如图 1-55 所示，这样大家可以根据自己的喜好在游戏中进行练习。

图 1-55　打字游戏界面

　　其中，"生死时速"主要考查的是用户整句的输入能力，而"太空大战"考查的则是对键盘的熟悉程度。这样，练习者只需每天抽出几分钟时间，在游戏的过程中就可以不知不觉地提高键盘输入能力。

　　金山打字通 2016 能够帮助打字练习者在游戏中轻松学会打字，无论是学中文打字还是英文速记，只要有了这款优秀打字练习软件，一切都不是问题！

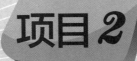

项目2

Windows 10 操作系统基础

2.1 操作系统的安装与维护

📩 项目情境

　　海纳百川科技有限责任公司新购置了 5 台计算机，有的自带 Windows 7 操作系统，有的是 Linux 操作系统，有的甚至没有操作系统。从目前 IT 环境来看，Windows 10 已经是大势所趋，公司技术部决定将现有的 Windows 7 操作系统升级到 Windows 10 操作系统，为其他操作系统或无系统计算机安装 Windows 10 操作系统。该项工作安排技术部张无极工程师来完成，时间为 1 天。

📩 实训目的

　　（1）能够制作 Windows 10 操作系统的 U 盘启动盘。
　　（2）能用 U 盘安装 Windows 10 操作系统。
　　（3）能够升级安装 Windows 10 操作系统。

📩 实训内容

2.1.1 制作 U 盘启动盘并安装 Windows 10

　　怎么制作 Windows 10 U 盘启动盘呢？方法有很多，这里介绍直接使用微软公司提供的制作工具"MediaCreationTool"来实现。
　　首先登录"微软中国下载中心"，下载一款名为"MediaCreationTool"的工具，利用该工具可以制作 Windows 10 U 盘安装盘。直接通过 https://www.microsoft.com/zh-cn/software-

download/windows10，快速进入"Windows 下载中心"，根据自己操作系统的位数选择相应的工具进行下载。打开界面如图 2-1 所示。

图 2-1 "MediaCreationTool"工具下载界面

待"MediaCreationTool"工具下载完成后，安装并运行此工具，在弹出的"Windows 10 安装程序"主界面中，选择"为另一台电脑创建安装介质"，如图 2-2 所示。

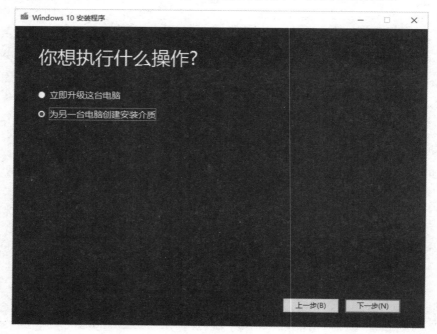

图 2-2 为另一台电脑创建安装介质

单击"下一步"按钮，在打开的"选择语言、体系结构和版本"界面中，"语言"选择"中文（简体）"，同时根据实际情况选择"版本"和"体系结构"，如图 2-3 所示。

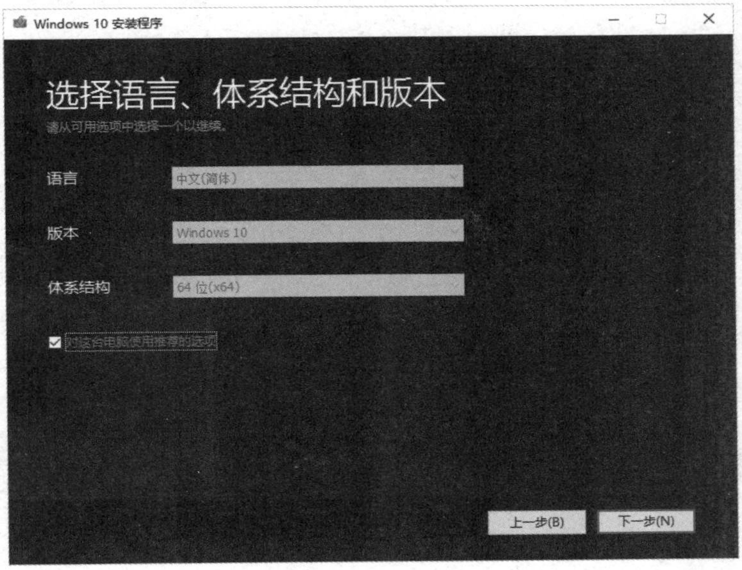

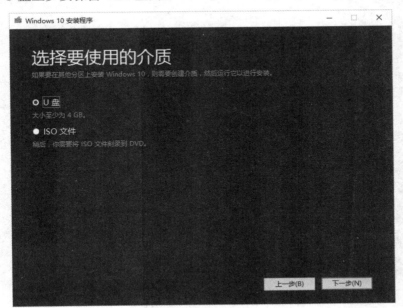

图 2-3　选择语言、体系结构和版本

单击"下一步"按钮，在打开的"选择要使用的介质"界面中选择"U 盘"，如图 2-4 所示。需要注意 U 盘至少要保留 4GB 空间。

图 2-4　选择要使用的介质

单击"下一步"按钮，根据"Windows 10 安装程序"的提示，插入 U 盘， U 盘被正常识别后，如图 2-5 所示。

图 2-5   选择 U 盘

单击"下一步"按钮，"Windows 10 安装程序"将自动下载 Windows 10 系统到 U 盘，同时将 U 盘制作成一个具有启用功能的 Windows 10 安装盘，如图 2-6 所示。

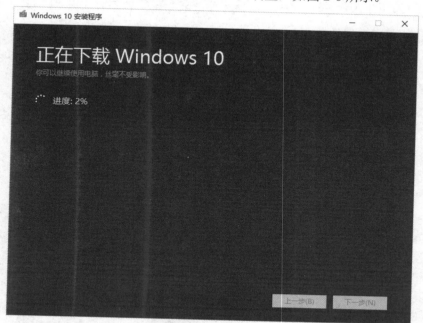

图 2-6   正在下载 Windows 10 操作系统

耐心等待 Windows 10 U 盘启动盘的制作完成后，将其插入目标计算机中，读取 U 盘后，双击其中的"setup.exe"程序，即可启动 Windows 10 安装操作，如图 2-7 所示。

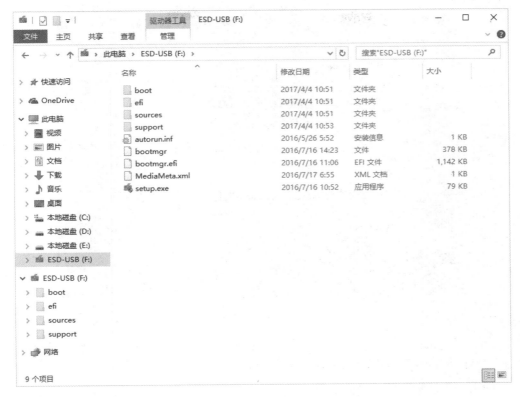

图 2-7　setup.exe 安装程序

或者在计算机开机出现第一屏幕时，根据屏幕提示按相应的键（通常按 Del 键）即可进入 CMOS 设置界面，在此界面中选择从"Removable Devices"[U 盘（或可移动磁盘）]启动，如图 2-8 所示。存盘后离开 CMOS。存盘界面如图 2-9 所示。

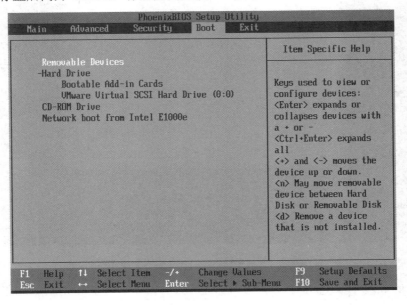

图 2-8　CMOS 启动顺序选择

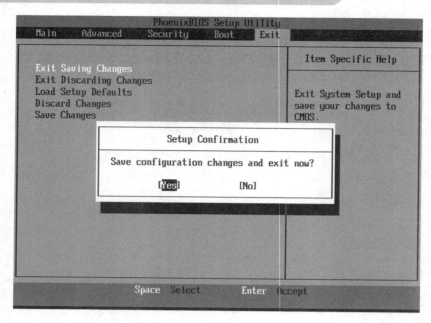

图 2-9　CMOS 设置存盘

最后插入 Windows 10 U 盘启动盘，重启计算机，就会发现计算机从 U 盘引导启动，同时自动进入 Windows 10 操作系统安装界面，如图 2-10 所示。接下来根据提示操作即可完成 Windows 10 系统的安装操作。

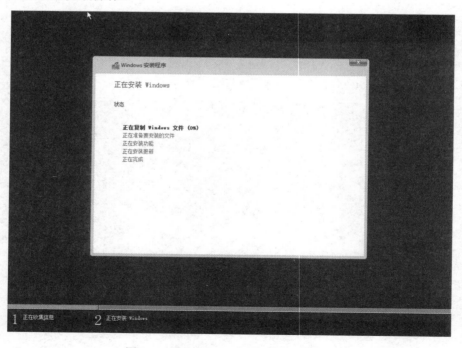

图 2-10　Windows 10 操作系统安装界面

此后，Windows 10 安装程序至少要重启两次计算机，耐心等待 30min 左右将进入后续设置，如图 2-11 所示。

图 2-11　正在设置应用

等待 Windows 10 进行应用设置后，即完成 Windows 10 操作系统的安装，安装完成界面如图 2-12 所示。

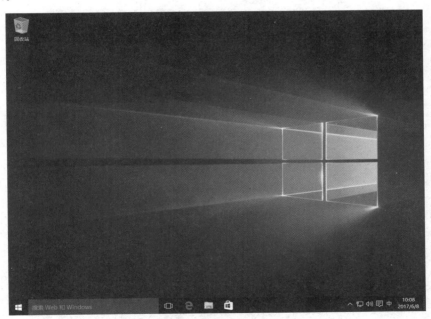

图 2-12　Windows 10 安装完成界面

对于没有接触过的用户，对 U 盘启动工具的制作方法可能会觉得困难，但现在有很多工具可直接"傻瓜化"地一键完成，而且方法也有很多种。

2.1.2　升级安装 Windows 10

升级安装是指将当前系统中的一些内容（可自选）迁移到 Windows 10，并替换当前系统。升级系统的方法和工具也很多，这里还是以微软公司提供的制作工具"MediaCreationTool"来完成。

我们在待升级的 Windows 7 中直接运行"Media Creation Tool"工具，如图 2-13 所示。

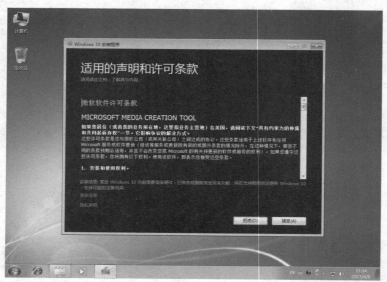

图 2-13　"Media Creation Tool"工具

接受许可条款后，系统就会检查安装环境。检查完成后，安装程序会列出需要注意的事项，如系统功能的缺失或现有软件的兼容性等。选择"立即升级这台电脑"，如图 2-14 所示。

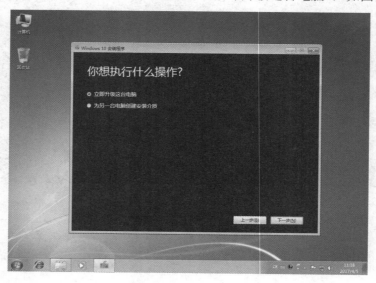

图 2-14　立即升级这台电脑

单击"下一步"按钮，系统自动执行下载程序，下载 Windows 10 操作系统，如图 2-15 所示。

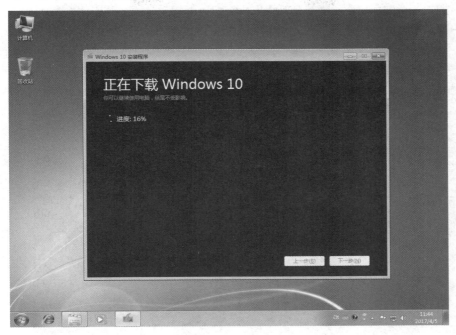

图 2-15　正在下载 Windows 10

单击"下一步"按钮，出现如图 2-16 所示对话框，单击"更改要保留的内容"。

图 2-16　选择要保留的内容

选择升级后要保留的项目，单击"下一步"按钮继续安装，如图 2-17 所示。注意，无论选择哪个选项，升级后当前系统都会被 Windows 10 正式版替代。其中的"个人文件"是指"用户"文件夹下的内容；具体哪些应用可以保留取决于这些应用在 Windows 10 中的兼容性；如果选择"不保留任何内容"，则升级后"个人文件"仍会被保存下来，移至名为"Windows.old"的文件夹中。

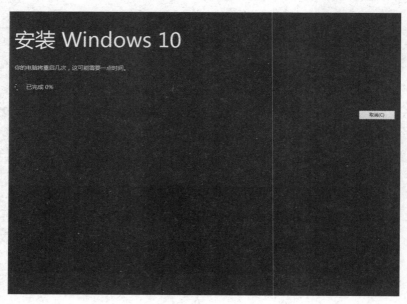

图 2-17　Windows 10 安装进行中

系统重新评估安装条件后，会再次打开"准备就绪"界面，此时单击"安装"按钮，即可出现如图 2-18 所示的"安装进行中"界面。如果选择保留所有内容升级，则可能将是一个比较耗时的过程，大约需要 1h 以上，其间计算机会自动重启两次以上。

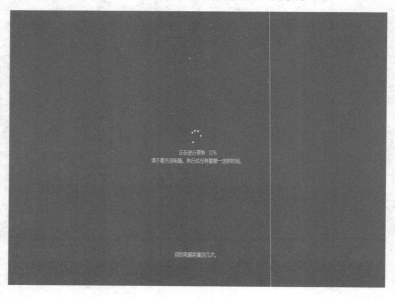

图 2-18　正在升级 Windows

数次重启后将完成系统主体安装，进入后续设置阶段，如图 2-19 所示，单击"使用快速设置"按钮。设置完成后直接进入 Windows 10 桌面，安装结束。

图 2-19　快速设置

2.2　文件与文件夹的管理

➜ 项目情境

张无极是海纳百川科技有限公司的职员，之前在 D 盘根目录下创建了"招聘信息.docx"、"公司员工名单.xlsx"、"软件序列号.txt"和"员工照片.bmp"4 个文件。后来，为了管理方便，他想对文件进行分类存放。于是他在 E 盘根目录下建立了"办公"和"下载"两个文件夹，并在"办公"文件夹中建立了"Excel 表格"和"Word 文档"两个文件夹，分别存放 Excel 和 Word 文档。在"下载"文件夹中建立了"软件"、"图片"文件夹，结构如图 2-20 所示。

接着，他将文件"招聘信息.docx"复制到"Word 文档"文件夹中；将文件"公司员工名单.xlsx"的文件属性修改为"只读"，并移动到"Excel 表格"文件夹中；将文件"软件序列号.txt"移动到"软件"文件夹中，并将文件名修改为"软件 sn 号"；将文件"员工照片.bmp"删除。

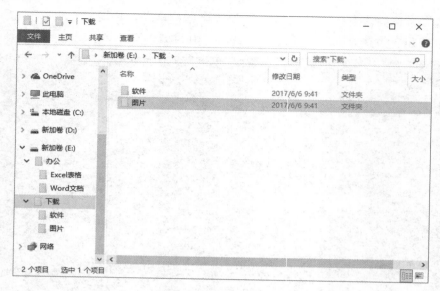

图 2-20　文档结构

实训目的

（1）掌握 Windows 10 环境下文件、文件夹的新建、移动、重命名、删除等基本操作。

（2）掌握 Windows 10 环境下文件只读、隐藏、存档属性的修改。

实训内容

2.2.1　利用"此电脑"窗口新建文档

双击桌面上的"此电脑"图标，弹出如图 2-21 所示窗口。

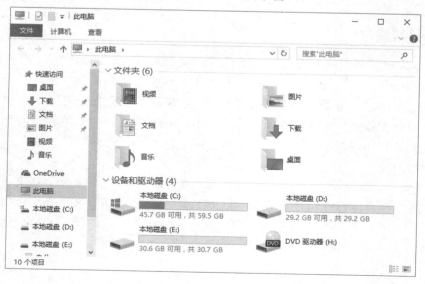

图 2-21　"此电脑"窗口

双击"本地磁盘（D：）"盘符，打开 D 盘窗口。将鼠标移动到窗口工作区空白处，右击，在弹出的快捷菜单中选择"新建"→"文本文档"，如图 2-22 所示。

图 2-22　新建文本文档菜单

D 盘窗口内出现一个新的文本文档图标，图标下方有一个包含文件名的文本框，默认名称为"新建文本文档"，如图 2-23 所示。切换到中文输入法，在文本框中输入"软件序列号"，按"Enter"键确定。

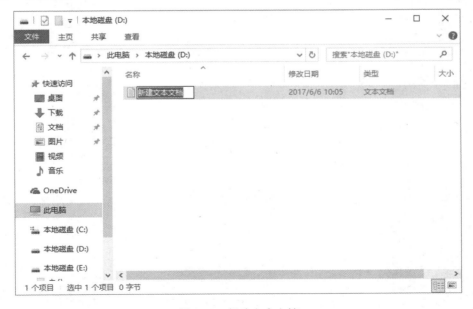

图 2-23　新建文本文档

使用相同的操作方法，在窗口中新建一个 BMP 图像文件，并将其文件名称修改为"员工照片"，如图 2-24 所示。

图 2-24　新建 BMP 文件

单击 D 盘窗口工具栏的工具"主页"，显示"主页"工具栏，如图 2-25 所示。单击工具栏的"新建项目"按钮，选择"Microsoft Word 文档"，如图 2-26 所示，即可在 D 盘新建一个 Word 文档，默认名称为"新建 Microsoft Word 文档"。在文本框中输入"招聘信息"，按"Enter"键确定。

图 2-25　窗口"主页"工具栏

图 2-26　新建 Word 文档

使用相同的方法，在窗口中新建一个 Microsoft Excel 工作表，并将其名称修改为"公司员工名单"。至此，新建文档工作结束。

2.2.2　利用文件资源管理器建立文件夹路径结构

单击任务栏上的"文件资源管理器"按钮 ，打开文件资源管理器。在导航窗格中单击"本地磁盘（E：）"，打开 E 盘窗口。单击标题栏按钮　，在 E 盘文件窗格中出现一个新的文件夹图标，默认名称为"新建文件夹"，如图 2-27 所示。在文本框中输入文件夹的名称"办公"，按"Enter"键确定。

图 2-27　新建文件夹

右击窗口的空白区域，在弹出的快捷菜单中选择"新建"→"文件夹"命令，如图 2-28（a）所示，创建一个新的文件夹，然后输入新建文件夹的名称"下载"。单击窗口的空白区域，确认文件夹的名称。

在左侧导航窗口中选择"办公"，右击，在弹出的快捷菜单中选择"新建"→"文件夹"命令，如图 2-28（b）所示，在"办公"文件夹下建立二级文件夹，默认名称为"新建文件夹"，修改名称为"Word 文档"。

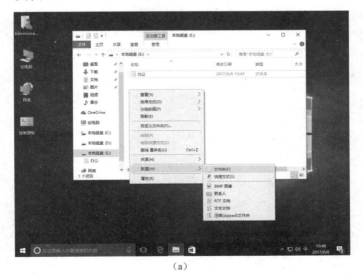

（a）

图 2-28　新建文件夹菜单

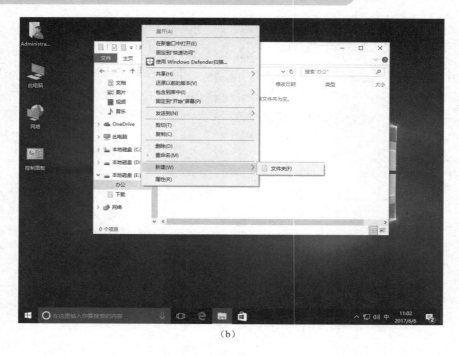

（b）

图 2-28 新建文件夹菜单（续）

参照上述方法，在"办公"文件夹中建立"Excel 文档"文件夹，在"下载"文件夹中建立"软件"、"图片"文件夹，如图 2-29 所示。

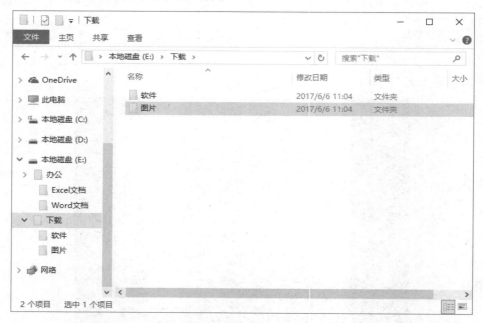

图 2-29 建立文件夹路径结构

2.2.3　管理文件

在文件资源管理器的导航窗格中，选择"本地磁盘（D：）"，并在其文件窗格中选中文件"招聘信息.docx"，右击，在弹出的快捷菜单中选择"复制"命令，如图 2-30 所示。

图 2-30　复制文件"招聘信息.docx"

在导航窗格中单击 E 盘根目录下"办公"文件夹中的"Word 文档"文件夹，右击，在弹出的快捷菜单中选择"粘贴"命令，如图 2-31 所示，完成对"招聘信息.docx"的复制操作。

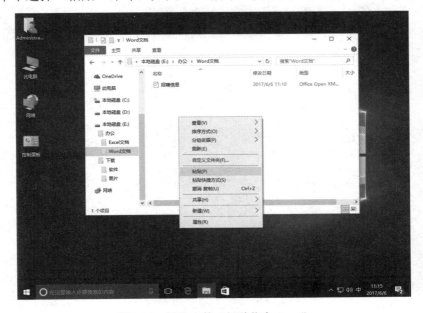

图 2-31　粘贴文件"招聘信息.docx"

在文件窗格中选中"公司员工名单.xlsx"，右击，在弹出的快捷菜单中选择"属性"命令，弹出"公司员工名单.xlsx 属性"对话框，如图 2-32 所示。在"属性"栏选中"只读"复选框，并单击"确定"按钮，完成文件的属性设置。

图 2-32 "公司员工名单.xlsx 属性"对话框

保持对文件"公司员工名单.xlsx"的选中状态，按"Ctrl+X"组合键，然后在导航窗格中单击 E 盘中"办公"文件夹中的"Excel 文档"文件夹，再按"Ctrl+V"组合键，完成文件的移动操作，如图 2-33 所示。

图 2-33 文件的移动操作

右击文件"软件序列号.txt"的图标，从弹出的快捷菜单中选择"剪切"命令，如图 2-34 所示。单击"下载"文件夹中的"软件"文件夹，右击文件窗格的空白区域，从弹出的快捷菜单中选择"粘贴"命令。

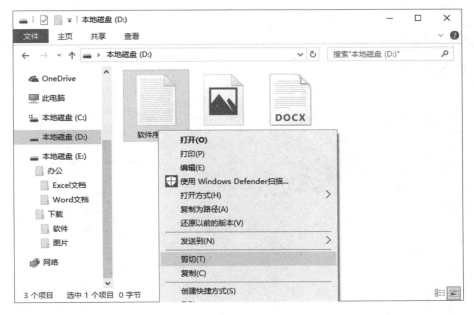

图 2-34　剪切操作

在文件窗格中右击文件"软件序列号.txt"，从弹出的快捷菜单中选择"重命名"命令，使文件的名称处于选中状态，然后在"软件"二字后单击，将"序列"二字删除，切换到英文输入法，输入"sn"，按"Enter"键确定。

在文件窗格中单击文件"员工照片.bmp"，然后按"Delete"键，删除选中的文件，删除的文件将被移动到"回收站"等待彻底删除。

2.3　常用工具软件的安装与使用

➡ 项目情境

技术部张无极工程师在给公司计算机安装 Windows 10 操作系统后，还需要为相关计算机安装一些常用的工具软件，卸载不常用的软件以便释放计算机的空间资源。其中，有些计算机要求安装 360 安全卫士以增强系统的安全性，安装 WinRAR 软件进行文件的压缩/解压缩，还要针对其他同事的个性化要求安装或卸载各类软件工具。

➡ 实训目的

（1）掌握常用软件的下载及安装方法。
（2）掌握软件的卸载操作。

➡️ **实训内容**

2.3.1　安装 360 安全卫士、WinRAR 等软件

要安装 360 安全卫士软件，需先上网把它下载到本地计算机，网址如图 2-35 所示。

图 2-35　360 安全卫士

下载到本地计算机后，勾选"已阅读并同意许可协议"，单击"立即安装"按钮，执行默认安装，如图 2-36 所示；也可以自定义安装，如图 2-37 所示。安装过程如图 2-38 所示。

图 2-36　360 安全卫士的安装界面

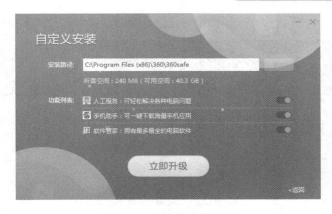

图 2-37 自定义安装界面

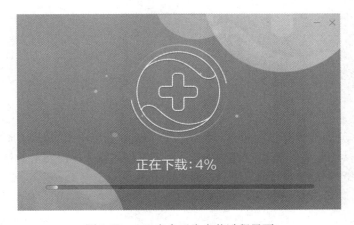

图 2-38 360 安全卫士安装过程界面

安装完成后，界面如图 2-39 所示。

图 2-39 360 安全卫士安装完成界面

单击 360 安全卫士主界面的"电脑体检"按钮，将进行计算机的全面检查，如图 2-40 所示。

图 2-40　360 软件的"电脑体检"界面

全面扫描会完美地把计算机的软件、系统查杀一遍。检查出系统异常项以及可能影响计算机的开机启动项，从而检查计算机存在的问题，清理系统垃圾，让计算机的运行更加流畅健康。

使用上述相同的方法下载压缩工具 WinRAR（http://www.winrar.com.cn/），如图 2-41 所示。具体的安装方法可参考 360 安全卫士的安装。

图 2-41　下载 WinRAR

2.3.2　360 安全卫士软件的卸载

通常我们用"控制面板"进行计算机软件的卸载。

首先，在 Windows 10 系统桌面上右击左下角的计算机图标，在弹出的快捷菜单中单击"控制面板"，如图 2-42 所示。

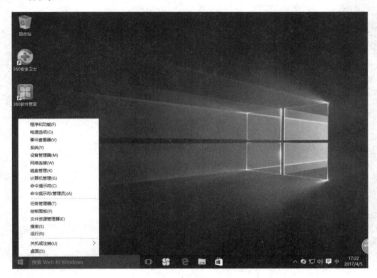

图 2-42　计算机属性界面

在打开的系统属性窗口中，单击左上角的"控制面板"窗口，如图 2-43 所示。要快速打开 Windows 10 系统"控制面板"，还可以在"开始"菜单的搜索框中输入"控制面板"，单击"搜索"按钮。

图 2-43　控制面板

在打开的控制面板窗口中单击左下角"程序"中的"卸载程序"，如图 2-44 所示。

在卸载程序窗口，找到需要卸载的程序软件——360 安全卫士，在上面的菜单栏中单击"卸载"按钮，再在弹出的窗口中单击"卸载"按钮即可。

图 2-44 "程序和功能"窗口

2.4 管理 Windows 10 用户账户

🔘 项目情境

一台计算机，尤其是办公计算机，不可能总是一个人使用，这时候就需要添加用户。技术部张无极工程师决定使用 Microsoft 账户登录系统，把个人的设置和使用习惯同步到云端（OneDrive），从而在其他设备（PC、平板电脑、手机）上使用同一 Microsoft 账户登录，提高工作效率。

🔘 实训目的

（1）掌握注册并登录 Microsoft 账户的操作方法。
（2）掌握管理 Windows 10 本地账户的方法。

🔘 实训内容

2.4.1 注册并登录 Microsoft 账户

在 Windows 10 中，系统集成了很多 Microsoft 服务，都需要使用 Microsoft 账户才能使用。

使用 Microsoft 账户可以登录并使用任何 Microsoft 应用程序和服务，如 Outlook.com、Hotmail、Office 365、OneDrive、Skype、Xbox 等，而且登录 Microsoft 账户后，还可以在多个 Windows 10 设备上同步设置和内容。

进入"电脑设置"，如图 2-45 所示。选择"账户"，继续选择"电子邮件和应用账户"，如图 2-46 所示。

图 2-45　进入"电脑设置"

图 2-46　添加账户

单击"添加账户"，弹出如图 2-47 所示"选择账户"对话框，选择"Outlook.com"账户。

图 2-47 "选择账户"对话框

输入新账户的电子邮件地址，需要是微软 Outlook 邮箱或 Hotmail 邮箱，如果没有，则单击"注册新电子邮件地址"，转到创建 Microsoft 账户界面，如图 2-48 所示。

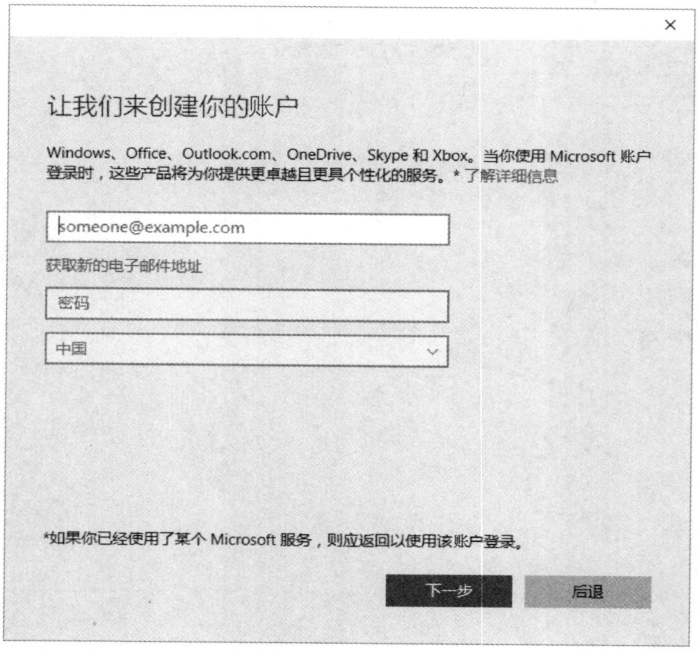

图 2-48 创建 Microsoft 账户界面

　　单击"下一步"按钮，如图 2-49 所示，设置好电话号码，安全信息能够帮助找回密码，所以必须记住。

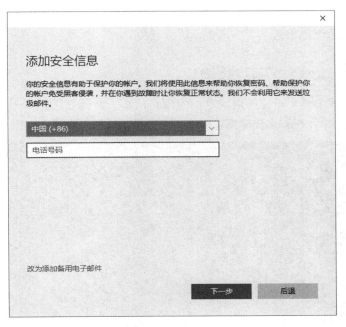

图 2-49　获取新的电子邮件地址

　　单击"下一步"按钮，转到"通讯首选项"界面，如图 2-50 所示。填写验证码，下面的两个复选项均与 Microsoft Advertising 微软广告有关，可不选。单击"下一步"按钮，显示"添加用户"完成页面。

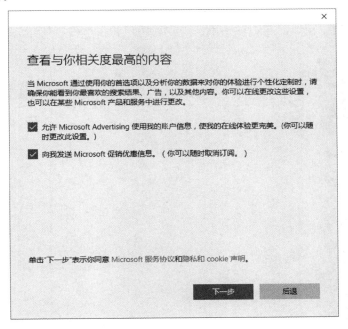

图 2-50　查看与你相关度最高的内容

单击"完成"按钮，即可完成该账户的添加，这时会返回"电脑设置"的"管理其他用户"界面，可看到刚刚添加的用户。

Microsoft 账户创建后，重启计算机登录时，需输入 Microsoft 账户的密码，进入计算机桌面时，OneDrive 也会被激活。

2.4.2 管理 Windows 10 本地账户

如果需要为同事加一个临时使用计算机的账户，那么就需要添加一个本地账户。

右击"开始"菜单，在弹出快捷菜单中选择"计算机管理"命令，如图 2-51 所示。

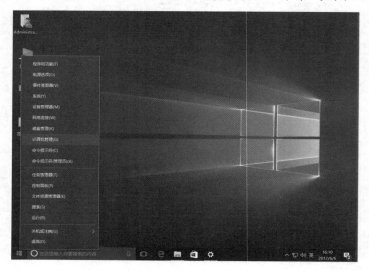

图 2-51 计算机管理

在"计算机管理"窗口的左边栏中单击"本地用户和组"栏，如图 2-52 所示。

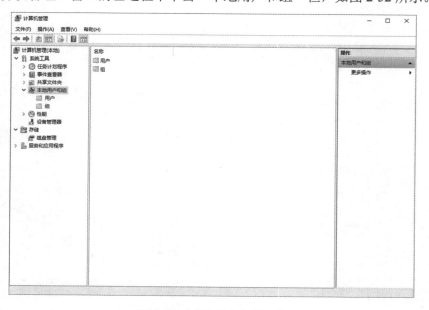

图 2-52 "本地用户和组"栏

在右窗格中双击打开"用户"一栏，如图 2-53 所示。即可看到那些熟悉的本地用户，我们可以在这里添加新用户，也可以启用被禁用的用户。这里以启用被系统禁用的 Administrator 用户为例。如图 2-54 所示，右击这个用户，在弹出的快捷菜单中选择"属性"命令，打开"Administrator 属性"对话框如图 2-55 所示。

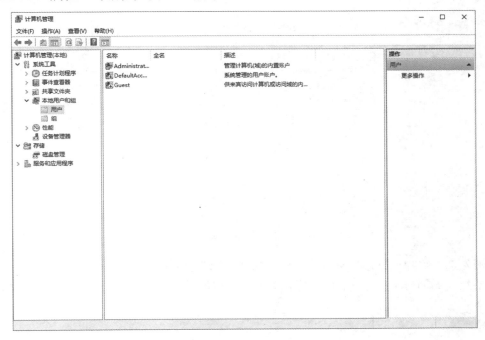

图 2-53　"用户"栏

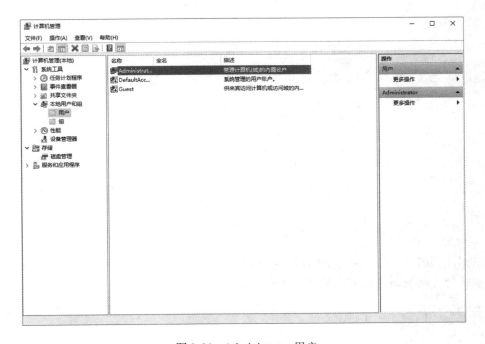

图 2-54　Administrator 用户

图 2-55 "Administrator 属性"对话框

取消勾选"账户已禁用"复选项，再单击"确定"按钮。

如果想要添加一个新账户，则在空白处右击，即可看到有添加新用户的对话框，如图 2-56 所示。

图 2-56 "新用户"对话框

接下来注销账户，在欢迎界面即可看到刚刚启用或新添加的本地用户了。当新用户首次登录时，系统会自动安装一些应用软件，请耐心等待。

项目 3

文字处理软件 Word 2016

3.1 制作招生简章封面

项目情境

廖四海是一名刚毕业的大学生，找到的第一份工作是在一家专业的培训机构。公司每年 3 月份要面向社会和学校招生，公司负责招生的经理要求廖四海设计一个关于培训的招生简章封面，廖四海综合考虑各方面因素，决定用 Word 2016 来设计该招生简章的封面。

实训目的

（1）掌握文字处理软件 Word 2016 编辑的基本方法。
（2）掌握 Word 2016 文档中字体、段落的设置。
（3）掌握艺术字的编辑、图片的插入、图文混排等操作方法。
（4）掌握图形编辑、形状、文档的页面设置等方法。

实训内容

3.1.1 "招生简章"封面效果

"招生简章"封面的效果如图 3-1 所示。

图 3-1 "招生简章"封面

3.1.2 设置页面并保存

启动 Word 2016 后，新建一个空白的文档，在"布局"功能区的"页面设置"组中单击按钮 ，在弹出的"页面设置"对话框中设置"页边距"的"上"、"下"、"左"、"右"参数为"0"，单击"确定"按钮，如图 3-2 所示。

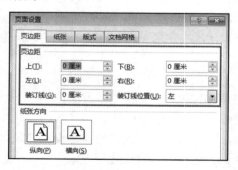

图 3-2 "页面设置"对话框

3.1.3 为"招生简章"封面进行设计

在"插入"功能区的"页面"组中单击"封面"按钮，在弹出的"内置"里选择"网格"，并将"网格"封面里的内容全部删除，如图 3-3 所示。

图 3-3　删除"网格"内容后的封面

3.1.4　美化"网格"封面

　　首先设置"网格"封面的"形状填充"。单击"网格"封面左边"蓝色"的部分，在"格式"功能区的"形状样式"组中单击"形状填充"，在弹出的选项中选择"其他填充颜色"，在"颜色"选项卡中选择"自定义"，颜色模式为"RGB"，然后在"红色"、"蓝色"、"绿色"里分别输入"149"、"245"、"243"。再次单击"形状填充"，将鼠标移动到"渐变"下，会自动弹出相关选项，选择"线性向右"，设置后的效果如图 3-4 所示。

　　用同样的方法设置"网格"封面右边的部分。为了使颜色有层次感，在"颜色"模式中设置"RGB"的颜色为"142"、"252"、"234"。在"渐变"选项里选择"线性向左"，设置后的效果如图 3-5 所示。

图 3-4　"形状填充"的设置　　　　　　　　图 3-5　"网格"封面的效果

　　其次设置"网格"封面的"形状轮廓"。单击"网格"封面左边"水绿色"的部分，在"格式"功能区的"形状样式"组中单击"形状轮廓"按钮，在弹出的选项中选择"粗细"，在"粗细"里选择"其他线条"，在"线条"下选择"实线"，"颜色"设置为"金色，个性色 4"，"宽度"设置为"15 磅"，"复合类型"设置为"三线"，如图 3-6 所示，设置后的效果如图 3-7 所示。

　　用同样的方法设置"网格"封面右边的部分，得到"形状轮廓"的最终效果如图 3-8 所示。

图 3-6 "形状轮廓"的设置　　　　图 3-7 "形状轮廓"的效果　　　　图 3-8 "形状轮廓"的最终效果

3.1.5 "绘制竖排文本框"的设置

选择"网格"封面右边的部分，单击"插入"功能区，在"文本"组中单击"文本框"，在弹出的选项中选择"绘制竖排文本框"，在文本框里输入"招生简章"，设置文字的字号为"80"，字体为"锐线星球李林哥特简体"，字体颜色为"蓝色"。

提示："锐线星球李林哥特简体"这种字体，Word 2016 在默认的情况下是没有的，我们可以在网上下载这种字体，网址为 http://www.uzzf.com/Fonts/277804.html。下载完成后，可直接将解压缩的字体文件复制到控制面板的"字体"文件夹里，这样 Word 2016 的"字体"里就有了"锐线星球李林哥特简体"这种字体。

单击"绘制竖排文本框"，在右侧的"设置形状格式"选项里单击"文本选项"选项卡，再单击"布局属性"按钮，然后把上、下、左、右边距的值全部设置为"0"，如图 3-9 所示。

单击"绘制竖排文本框"，在右侧的"设置形状格式"里单击"形状选项"选项卡，再单击"填充与线条"按钮，将"填充"设置为"无填充"，将"线条"设置为"无线条"，如图 3-10 所示。

单击"插入"功能区，在"插图"组中单击"形状"按钮，在"形状"里选择"星型：十六角"，然后在"网格"封面的"招生简章"文字周围绘制形状"星型：十六角"。单击该形状，就会弹出"设置形状格式"对话框，设置"颜色"为"橙色，个性色 2"，如图 3-11 所示，在文字区域多复制几个该形状，效果如图 3-12 所示。

单击"插入"功能区，在"插图"组中单击"图片"按钮，在弹出的"插入图片"对话框中找到所需要的图片，单击"插入"按钮，这样图片就可以插入到文档中，如图 3-13 所示。

为了使图片更具有艺术效果，可以为图片添加样式，其操作方法是：选中图片，单击"格式"功能区，在"图片样式"组中选择"柔化边缘椭圆"，最终设计效果如图 3-14 所示。

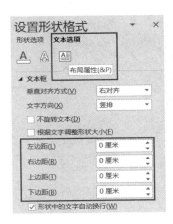

图 3-9　"文本选项"的设置

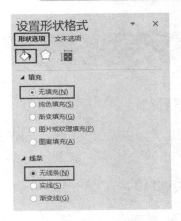

图 3-10　"形状选项"的设置

图 3-11　"形状"的设置

图 3-12　添加多个"形状"后的效果

图 3-13　插入图片后的效果

图 3-14　"招生简章"最终设计效果

3.2　制作岗位聘用协议

项目情境

廖四海在人力资源部门工作，近期公司因发展的需求招聘了一批员工，公司经理要求廖四海制作一份岗位聘用协议。接到任务后，廖四海拿到了公司的相关资料进行制作。

实训目的

（1）掌握 Word 2016 页面设置的使用方法。
（2）掌握 Word 2016 的格式刷工具的使用。
（3）掌握为 Word 2016 编号的设置方法。

实训内容

3.2.1　"岗位聘用协议"效果

"岗位聘用协议"的效果如图 3-15 所示。

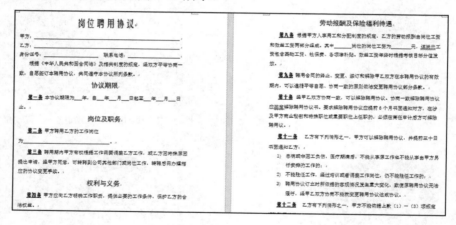

图 3-15　"岗位聘用协议"的效果

3.2.2　设置文档的纸张大小

新建一个空白文档，输入相关的内容，对文件进行保存，命名为"岗位聘用协议"，双击标尺栏，在弹出的"页面设置"对话框中单击"纸张"选项卡，在"纸张大小"栏中选择"A4"，当然也可以根据实际情况而定。

3.2.3　设置文档的页边距

在默认情况下"页边距"的参数是："上"和"下"都是"2.54 厘米"，"左"和"右"都是"3.17 厘米"。

　　双击标尺栏，在弹出的"页面设置"对话框中单击"页边距"选项卡，在"页边距"栏中设置相应的参数。

3.2.4　设置标题、正文的字体格式

　　选中标题的文字"岗位聘用协议"，单击"开始"功能区，在"字体"组中将文字的字体设置为"方正姚体"，字号设置为"小一"。

　　单击"字体"组中右下角的按钮"⬜"，在弹出的"字体"对话框中单击"高级"选项卡，在"字符间距"栏中设置"间距"为"加宽"，"磅值"为"3 磅"，如图 3-16 所示。

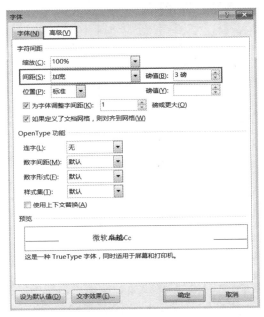

图 3-16　"字符间距"的设置

　　选中文中的"协议期限"，将字体设置为"黑体"，字号设置为"三号"，将文中的正文部分选中，把字体设置为"新宋体"，字号设置为"小四"，在"段落"里设置"行距"为"2 倍行距"。

　　选中设置好的"协议期限"，在"开始"功能区的"剪贴板"组中单击"格式刷"按钮 🖌，在正文中用鼠标拖动选择"岗位及职务"文字，这样，就把 "协议期限"的字体格式复制给了"岗位及职务"。重复上述操作，可以把"权利与义务"、"劳动报酬及保险福利待遇"、"违约责任"的字体格式都用"格式刷"进行复制。

　　提示："格式刷"的作用是快速地将需要设置格式的对象设置成某种格式，其操作方法是：选中对象进行格式设置，然后选择设置好格式的对象，单击"格式刷"按钮，再将鼠标移动到需要设置格式的对象前，按住鼠标左键拖动鼠标，便给对象进行了相同格式的设置。单击"格式刷"按钮，复制格式只能操作一次；双击"格式刷"按钮，可以多次进行操作。

3.2.5　设置编号

在正文中选择需要设置编号的文字，或者将插入点定位到要插入编号文字的左侧，在"开始"功能区的"段落"组中单击"编号"按钮三·，在弹出的下拉列表中选择"定义新编号格式"，如图 3-17 所示。在弹出的"定义新编号格式"对话框中，设置"编号样式"，为"一，二，三（简）"；在"编号格式"中，在"一"的前面加上一个"第"字，在"一"的后面加上一个"条"字，单击"确定"按钮，如图 3-18 所示。

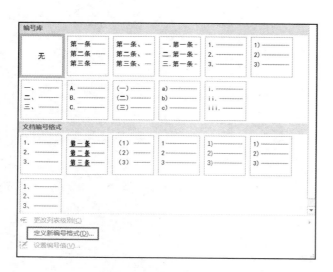

图 3-17　"编号库"的选择

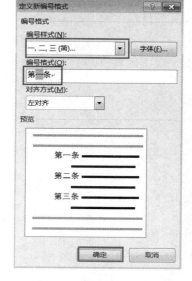

图 3-18　"定义新编号格式"对话框

此时，正文中的"第一条"编号已经产生了，双击"格式刷"按钮，在需要设置编号的文字左侧单击，"第二条"编号也产生了，依次往下复制格式，所有的编号设置完后，再次单击"格式刷"按钮，退出"格式刷"操作，最终设计效果如图 3-19 所示。

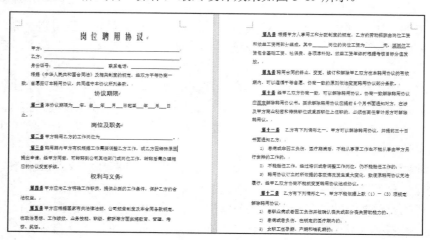

图 3-19　"岗位聘用协议"最终效果

3.3 批量制作邀请函

项目情境

廖四海大学毕业 15 年了，非常希望能组织一个同学聚会，于是通过各种通信手段联系了大学同学。他决定制作一份邀请函，但是一份一份地制作很花时间，最后想到通过 Word 2016 的邮件合并功能来制作完成。

实训目的

（1）掌握使用 Word 2016 创建邮件合并操作的主文档。
（2）掌握 Word 2016 创建邮件合并操作的数据源文件。
（3）掌握 Word 2016 邮件合并的操作。

实训内容

3.3.1 利用邮件合并的方法制作"邀请函"的效果

利用邮件合并的方法制作"邀请函"的效果如图 3-20 所示。

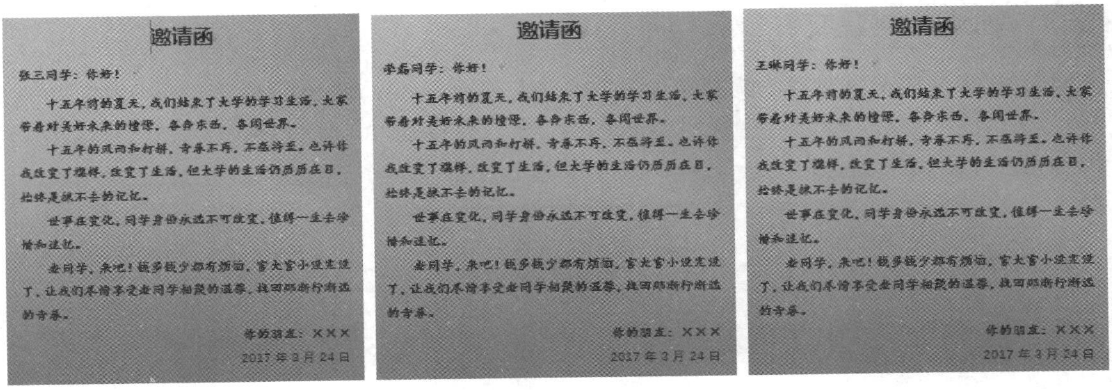

图 3-20 利用邮件合并制作"邀请函"的效果

3.3.2 输入文档并设置纸张大小

在文档中输入邀请函的内容，输入完成后，设置"邀请函"的字体为"微软雅黑"、"加粗"，字号为"二号"，设置正文的字体为"楷体"、"加粗"，字号为"四号"，效果如图 3-21 所示。

完成排版后，在"布局"功能区的"页面设置"组中单击按钮，在弹出的"页面设置"对话框中单击"纸张"选项卡，在"纸张大小"栏中选择"自定义大小"，设置"宽度"和"高度"分别为"18.4"和"19.3"，如图 3-22 所示。

图 3-21　排版后的"邀请函"

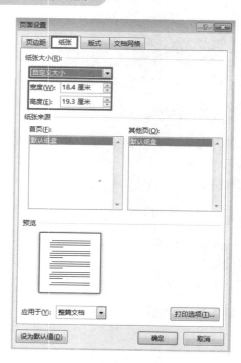

图 3-22　设置"纸张"

3.3.3　创建数据源文件

要制作多个邀请函文档，就需要有多个收件人的姓名，Word 2016 的"邮件合并"功能支持多种格式的数据源，本项目中采用 Excel 2016 来创建数据源。启动 Excel 2016，输入相关数据，如图 3-23 所示。

姓名	性别
张三	男
李磊	男
王琳	女
赵柳	女
陈琦	男
胡琴	女

图 3-23　用 Excel 制作数据源

3.3.4　邮件合并

打开已经创建好的"邀请函"文档，在"邮件"功能区的"开始邮件合并"组中单击"开始邮件合并"按钮，在下拉列表中选择"信函"，单击"选择邮件人"按钮，在下拉列表中选择"使用现有列表"，在弹出的"选取数据源"对话框中，选择 Excel 文件"邀请名单"，如图 3-24 所示。

图 3-24 选取"邀请名单"数据源

将鼠标定位到"同学：你好"的左边，如图 3-25 所示，在"邮件"功能区的"编写和插入域"组中单击"插入合并域"按钮，在弹出的下拉列表中选择"姓名"，如图 3-26 所示。

图 3-25 定位插入点

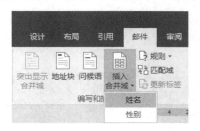

图 3-26 "插入合并域"的设置

单击"姓名"后，在"邀请函"文档的"同学：你好"的左侧就会出现带有"《》"的"姓名"，这些"《姓名》"合并后是不会显示在文档中的，它的作用是区分域和普通文本，如图 3-27 所示。

在"邮件"功能区的"完成"组中单击"完成并合并"按钮，在弹出的下拉列表中选择"编辑单个文档"，在弹出的"合并到新文档"对话框中选择"全部"，如图 3-28 所示。

图 3-27 "插入合并域"的效果

图 3-28 完成合并

如果要在"同学：你好"的前面加上性别，比如在男同学前面加上"兄弟"，在女同学前面加上"姐妹"的话，也可以通过"邮件合并"的功能来完成，其操作方法如下。

在"邮件"功能区的"编写和插入域"组中单击"规则"按钮，在弹出的下拉列表中选择"如果…那么…否则（I）…"，如图 3-29 所示。

在打开的"插入 Word 域：IF"对话框中，"域名"设置为"性别"，"比较条件"设置为"等于"，比较对象设置为"男"，在"则插入此文字"中输入"兄弟"，在"否则插入此文字"中输入"姐妹"，单击"确定"按钮，如图 3-30 所示。

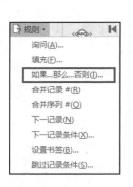
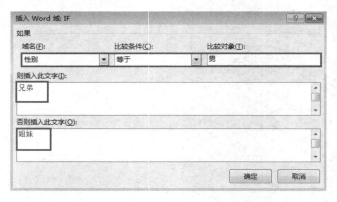

图 3-29 选择"规则" 图 3-30 "插入 Word 域：IF"对话框的设置

设置后的效果如图 3-31 所示。

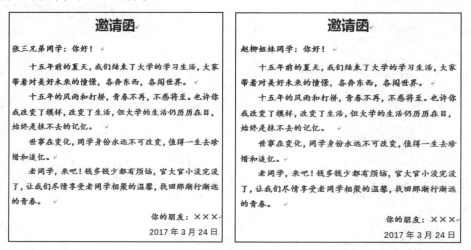

图 3-31 使用"插入 Word 域：IF"的效果

3.3.5 为页面添加颜色

在"设计"功能区的"页面背景"组中单击"页面颜色"按钮，在弹出的下拉列表中选择"填充效果"，在弹出的"填充效果"对话框中单击"渐变"选项卡，在"颜色"栏中选择"双色"，在"颜色1"中设置颜色为"绿色"，"颜色2"设置为"浅蓝"，"底纹样式"选择"角部辐射"，单击"确定"按钮，如图 3-32 所示。

图 3-32　为页面添加渐变色

设置后的最终效果如图 3-33 所示。

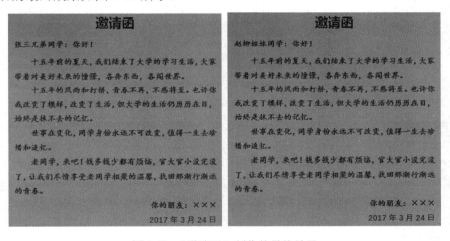

图 3-33　"邀请函"制作的最终效果

3.4　毕业论文的设计

◈ 项目情境

廖四海是一名大三的学生，临近毕业，他按照指导老师发放的毕业设计任务书的要求，完成了论文的书写，接下来需要使用 Word 2016 对论文进行排版。

◈ 实训目的

（1）掌握分页符、分节符的使用方法。

（2）掌握目录的制作方法。

（3）掌握页眉、页脚和页码的设置。

（4）掌握样式的创建和修改。

实训内容

3.4.1　毕业论文的设计和排版

毕业论文的设计和排版效果如图 3-34 所示。

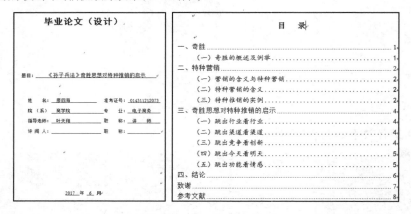

图 3-34　毕业设计的制作

3.4.2　页面设置

在"布局"功能区的"页面设置"组中单击按钮 ，在弹出的"页面设置"对话框中，单击"页边距"选项卡，并在"页边距"栏中设置"上"、"下"、"左"、"右"边距分别为"3"、"2.5"、"2.5"、"2.5"，"装订线位置"设置为"左"，"纸张方向"栏中选择"纵向"，如图 3-35 所示。单击"版式"选项卡，设置"页眉"和"页脚"分别为"1.6"和"1.5"，如图 3-36 所示。

图 3-35　"页边距"的设置

图 3-36　"版式"的设置

3.4.3 文档格式的设置

对文档的正文部分进行全选，设置字体为"宋体"，字号为"小四"，对其方式为"两端对齐"，如图 3-37 所示，整篇文档的行距设置为"固定值，20 磅"，如图 3-38 所示。

图 3-37 文档格式的设置

图 3-38 "行距"的设置

3.4.4 样式的设置

将鼠标定位到标题的前面，在"开始"功能区的"样式"组中单击"标题 1"样式，如图 3-39 所示。

图 3-39 为标题应用"标题 1"样式

为了使文档更有层次感，要对文档进行样式设置，用上面的方法为各小节标题添加其他的标题类型。添加完成后，可以对样式进行修改，其操作方法是：右击"标题 1"，在弹出的快捷菜单中选择"修改"命令，如图 3-40 所示。

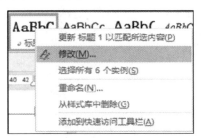

图 3-40 修改样式

可在弹出的"修改样式"对话框中对设置的样式进行修改，如图 3-41 所示，例如，需要修改段落、边框等，可单击"格式"按钮进行修改。

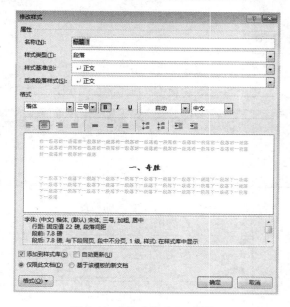

图 3-41 "修改样式"对话框

3.4.5 目录的插入

　　要想为文档创建目录，首先必须设置好样式，因为样式中的标题和目录中的标题是对应的。

　　设置好文档的样式后，将鼠标定位到要插入目录的页面，在"引用"功能区的"目录"组中单击"目录"按钮，在弹出的下拉列表中选择"自定义目录"，在弹出的"目录"对话框中进行设置，如图 3-42 所示。

　　修改文档的内容时，有时页码会产生错位，这时需要对目录进行修改，其操作方法是：选择目录，右击，在弹出的快捷菜单中选择"更新域"命令，这样错位的页码就会更新，如图 3-43 所示。

图 3-42 "目录"对话框

图 3-43 目录的"更新域"

3.4.6　页眉、页脚和页码

论文格式要求：从正文开始设置页眉，其中奇数页的页眉为院校名称，内容在右侧，偶数页的页眉为论文名称，内容在左侧，而封面、目录等页面不需要页眉。

将鼠标定位到正文处，在"插入"功能区的"页眉和页脚"组中单击"页眉"按钮，在弹出的下拉列表中选择一种页眉样式，如"怀旧"，如图 3-44 所示。

图 3-44　"怀旧"样式的页眉

进入"页眉和页脚"的编辑状态，在"页眉和页脚"扩展功能区的"导航"组中单击"链接到前一条页眉"按钮，取消该选项的选中状态，然后单击"上一节"按钮，切换到上一节的页眉区，由于封面、目录等不需要设置页眉，因此需要用鼠标拖动的方式选中封面、目录等页眉区域，然后右击，在弹出的快捷菜单中选择"剪切"命令，删除插入的页眉，并在"开始"功能区的"段落"组中去掉页眉的横线。因为奇数页的页眉内容和偶数页的不同，所以还要勾选"奇偶页不同"选项，如图 3-45 所示。

提示：在 Word 2016 中编辑页眉，有时会遇到"链接到前一条页眉"是灰色的，不能选择，也就是前后页眉不能分开编辑，不能设置不同的页眉。当光标在第 1、2 页的页眉里时，此按钮不可选，因为第 1、2 页为第一节，之前没有"节的链接"可断开或链接。解决方法是在"布局"功能区的"页眉设置"组中单击"分隔符"按钮，在"分节符"中选择"下一页"。

论文的正文部分要求有页码，页码位于文档的底端，类型为"普通数字 2"，页码格式为"-1-，-2-，-3-，…"，起始页为"-1-"。

在"插入"功能区的"页码和页脚"组中单击"页码"按钮，在弹出的下拉列表中选择"设置页码格式"命令，打开"页码格式"对话框，设置如图 3-46 所示。

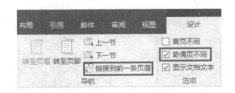

图 3-45　"页眉"的设置

图 3-46　"页码格式"的设置

项目 4

<<<<<

电子表格软件 Excel 2016

4.1 公司员工情况表的制作

项目情境

张处长让夏小雪利用 Excel 制作一份公司员工情况表，并以"公司员工情况表"为名称进行保存。夏小雪获得公司各位员工的基本信息后，利用 Excel 制作了一份"公司员工情况表"，以便张处长和各位公司员工查看。

实训目的

（1）掌握工作簿及工作表的创建方法，学会工作表中数据的录入、编辑、处理和保存。
（2）学会工作表的格式设置，掌握调整工作表行高和列宽、设置单元格格式等方法。
（3）会利用单元格格式命令设置单元格格式，如设置数据对齐方式、字体、底纹等。

实训内容

制作"公司员工情况表"工作簿的效果如图 4-1 所示。

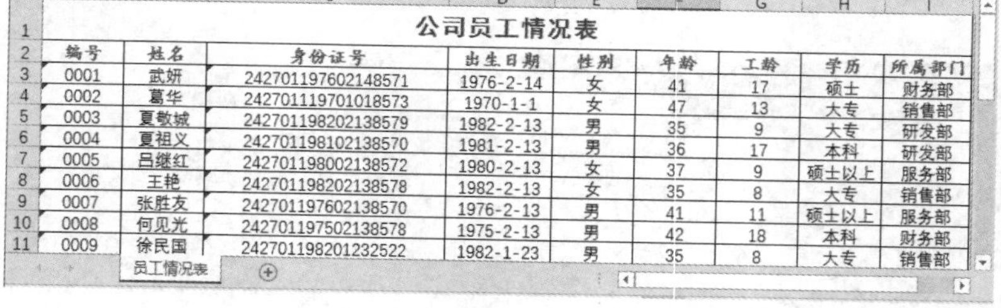

公司员工情况表								
编号	姓名	身份证号	出生日期	性别	年龄	工龄	学历	所属部门
0001	武妍	242701197602148571	1976-2-14	女	41	17	硕士	财务部
0002	葛华	242701119701018573	1970-1-1	女	47	13	大专	销售部
0003	夏敏城	242701198202138579	1982-2-13	男	35	9	大专	研发部
0004	夏祖义	242701198102138570	1981-2-13	男	36	17	本科	研发部
0005	吕继红	242701198002138572	1980-2-13	女	37	9	硕士以上	服务部
0006	王艳	242701198202138578	1982-2-13	女	35	8	大专	销售部
0007	张胜友	242701197602138570	1976-2-13	男	41	11	硕士以上	服务部
0008	何见光	242701197502138578	1975-2-13	男	42	18	本科	财务部
0009	徐民国	242701198201232522	1982-1-23	男	35	8	大专	销售部

图 4-1 公司员工情况表效果图

4.1.1 创建"公司员工情况表"工作簿

启动 Excel 2016，系统将自动创建一个名为"工作簿 1"的空白工作簿。若要将工作簿另存，可在"文件"功能区中单击"另存为"选项，在打开的"另存为"对话框中重新设置工作簿的保存位置和工作簿名称等，然后单击"保存"按钮即可。

4.1.2 输入工作表数据

打开"公司员工情况表"工作簿，单击"Sheet1 工作表标签"，将鼠标指针定位到 A1 单元格，输入"编号"，在 A2 单元格输入作为文本型显示的数值数据"0001"，此时需要选中第 1 列，通过"设置单元格格式"将"数字/分类"设置成"文本"，再输入数字序号"0001"。

选中 A2 单元格，将鼠标指针放置在选定单元格右下角的小黑方块（即填充柄）上，当光标变成"+"字形时，按住鼠标左键向下拖动直到 A32 单元格，释放鼠标即可填充所有员工的编号，如图 4-2 所示。

利用快捷键在"学历"、"所属部门"及"性别"列中输入数据。以"所属部门"为例，单击 I3 单元格，按住"Ctrl"键，选中要输入相同数据的其他单元格，在其中一个单元格输入"销售部"，按"Ctrl+Enter"组合键可同时在多个不相邻单元格中输入相同的数据，如图 4-3 所示。

图 4-2 填充数据　　　　　图 4-3 在不相邻单元格输入相同数据

"身份证号"列要先设为"文本"格式，再输入身份证号。如果按普通格式输入，则会出现如图 4-4 所示的情况，即身份证号以科学计数法的形式显示，并且最后 3 位都默认为 0。数据以"文本"格式输入的参考效果如图 4-5 所示。

	A	B	C	D
1	编号	姓名	身份证号	出生日期
2	0001		2.42701E+17	
3	0002			

图 4-4 在"常规"格式下输入身份证号

	A	B	C	D
1	编号	姓名	身份证号	出生日期
2	0001		242701197602148571	
3	0002		242701119701018573	
4	0003		242701198202138579	
5	0004			

图 4-5 在"文本"格式下输入身份证号

"出生日期"列也要采用"文本"格式输入数据。

4.1.3 编辑工作表数据

在单元格中输入数据后，可用利用 Excel 的编辑功能对数据进行各种编辑操作，如修改数据、调整表格和复制数据等。

① 修改数据：在选中的单元格中直接修改或用编辑栏进行修改。

② 清除单元格数据：选择单元格后按"Delete"键。

③ 查找数据：要在工作表中查找需要的数据，可单击工作表中的任意单元格，然后在"开始"功能区的"编辑"组中单击"查找和替换"按钮，在下拉列表中选择"查找"选项，打开"查找和替换"对话框，在"查找内容"文本框中输入要查找的内容，然后单击"查找下一个"按钮，如图 4-6 所示。

图 4-6　查找、替换数据

4.1.4 调整表格

在单元格中输入数据时，经常会遇到这种情况：有的单元格中的文字只显示一半，有的单元格显示一串"#"号，而编辑栏中却看到对应单元格的完整数据。其原因是单元格的宽度不够，需要调整工作表的行高或列宽。

操作方法：把鼠标指针移动到行的上/下行边界处，当鼠标指针变成➡形状时，拖动鼠标调整行高，这时 Excel 会自动显示行的高度值。

把鼠标指针移动到该列与左/右列的边界处，当鼠标指针变成➡形状时，拖动鼠标调整列宽，这时 Excel 会自动显示列的宽度值。

4.1.5 重命名工作表

双击"Sheet1"标签即可将"Sheet1"重命名为"员工情况表"。也可以在"Sheet1"工作表标签处右击，在弹出的快捷菜单中选择"重命名"命令，如图 4-7 所示。

图 4-7 工作表标签右键快捷菜单

4.1.6 为工作表增加标题

在"公司员工情况表"工作表第 1 行前面插入一行，添加标题"公司员工情况表"，合并 A1～I1 单元格区域，如图 4-8 所示。

图 4-8 添加标题效果

4.1.7 设置单元格格式

（1）设置标题行，行高为"28"；字体为"黑体"并"加粗"；字号为"16"；图案为"红色"。将光标定位在第 1 行标题上，在"开始"功能区的"单元格"组中单击"格式"的下三角按钮，弹出如图 4-9 所示菜单，选择"行高"命令，在弹出对话框中，"行高"文本框中输入"28"，如图 4-10 所示。

图 4-9 设置单元格大小

图 4-10 设置单元格行高

（2）选中标题所在单元格，右击，在弹出的快捷菜单中选择"设置单元格格式"命令，打开"设置单元格格式"对话框，分别在"字体"、"边框"、"填充"选项卡中进行字体、填充效果、边框等的设置，如图 4-11 所示。

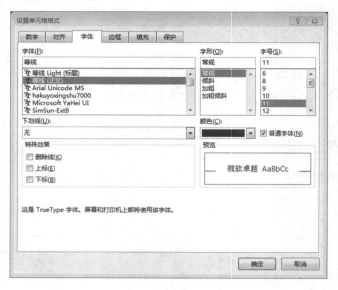

图 4-11　设置单元格格式

（3）设置 A2～I2 单元格，行高为"15"；字体为"楷体"并"加粗"；字号为"12"；图案为"蓝色"；单元格对齐方式为水平和垂直方向都"居中"。

（4）为表中的数据单元格 A3：I34 进行如下设置：行高、字体、字大小、图案都保持默认值；对齐方式为水平和垂直方向都"居中"；最后给表格加上细实线边框，以原文件名称保存工作簿文件，效果如图 4-12 所示。

编号	姓名	身份证号	出生日期	性别	年龄	工龄	学历	所属部门
				公司员工情况表				
0001	武妍	242701197602148571	1976-2-14	女	41	17	硕士	财务部
0002	葛华	242701197010185573	1970-1-1	女	47	13	大专	销售部
0003	夏敬城	242701198202138579	1982-2-13	男	35	9	大专	研发部
0004	夏祖义	242701198102138578	1981-2-13	男	36	17	本科	研发部
0005	吕继红	242701198002138572	1980-2-13	女	37	9	硕士以上	服务部
0006	王艳	242701198202138578	1982-2-13	女	35	8	大专	销售部
0007	张胜友	242701197602138570	1976-2-13	男	41	11	硕士以上	服务部
0008	何见光	242701197502138578	1975-2-13	男	42	18	本科	财务部
0009	徐民国	242701198201232522	1982-1-23	男	35	8	大专	销售部

图 4-12　"公司员工情况表"效果图

4.2　公式、相对引用和绝对引用

➡ 项目情境

张处长让夏小雪对员工的工资进行分析、统计，分析各职员工资占总工资的百分比，统计后制作一份"职员工资分析表"，以便公司总经理查看员工的工资占公司员工总工资的情况。

实训目的

（1）掌握公式、相对引用、绝对引用及混合引用的概念。

（2）掌握公式、相对引用、绝对引用及混合引用的应用。

（3）熟悉相对引用、绝对引用及混合引用的应用环境。

实训内容

制作"职员工资分析表"，输入基本数据，如图4-13所示，制作完成效果如图4-14所示。

图4-13　输入基本数据

图4-14　制作完成效果

4.2.1　求职员总工资

（1）将光标置于B8单元格，在"公式"功能区的"函数库"组中单击"插入函数"，在"选择类别"中选择"全部函数"，在"选择函数"中选择"SUM 函数"，单击"确定"按钮，弹出如图4-15所示对话框。

（2）手动将"Number1"文本框中"B3:B7"改为"B3:B6"，单击"确定"按钮（注：B8中的公式是"=SUM(B3:B7)"），即可在B8中算出职员的总工资，如图4-16所示。

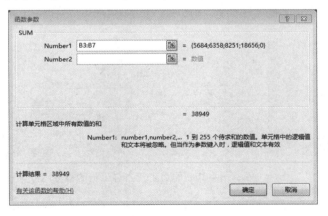

图4-15　SUM 函数参数设置

图4-16　求职员总工资

4.2.2　求职员工资占总工资的百分比

（1）在单元格中输入混合引用公式。将光标置于C3单元格，输入公式"=B3/ $B$8"，如图4-17所示。

（2）按"Enter"键，然后将鼠标指针放置在 C3 单元格右下角的小黑方块（即填充柄）上，当光标变成"+"字形时，按住鼠标左键向下拖动直到 C6 单元格，释放鼠标左键即可填充所有职员的工资占总工资的百分比，此时是小数据格式，如图 4-18 所示。

图 4-17　混合引用公式

图 4-18　职员工资占总工资的百分比（小数形式）

4.2.3　设置百分比形式

（1）选中 C3:C6 单元格区域，右击，在弹出的快捷菜单中选择"设置单元格格式"命令，在打开的对话框中单击"数字"选项卡，在"分类"中选择"百分比"，调整"小数位数"为"2"位，如图 4-19 所示。

（2）单击"确定"按钮，并拖动活动单元格右下角的填充柄直到 C6 单元格区域，效果如图 4-20 所示。

图 4-19　设置百分比格式对话框

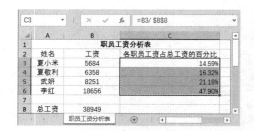

图 4-20　职员工资占总工资的百分比效果图

4.3　统计分析员工绩效表

➡ 项目情境

张处长让夏小雪统计公司各员工 1～3 月份销售产品的第一季度总产量，分析各职员在第一季度的销售情况，统计后制作一份"公司员工绩效表"，以便公司查看员工第一季度的销售情况。

实训目的

（1）掌握快速排序、组合排序和自定义排序的方法。

（2）掌握自动筛选和高级筛选的方法。

（3）会按照不同的字段为表中数据创建分类汇总；掌握创建数据透视表和数据透视图的方法。

实训内容

制作"统计分析员工绩效表"，原始数据如图 4-21 所示。

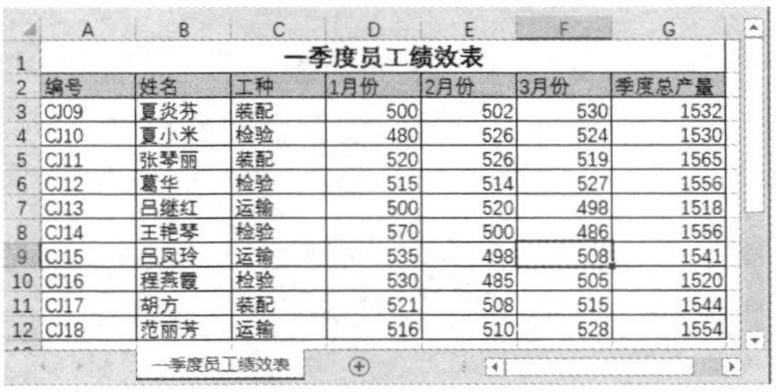

图 4-21　"统计分析员工绩效表"原始数据

4.3.1　排序员工绩效表数据

（1）光标选中表格中任一单元格区域，在"数据"功能区的"排序和筛选"组单击"排序"按钮，弹出"排序"对话框，设置"主要关键字"为"季度总产量"，"排序依据"为"数值"，"次序"为"降序"，如图 4-22 所示，单击"确定"按钮，排序后的效果如图 4-23 所示。

图 4-22　排序参数设置

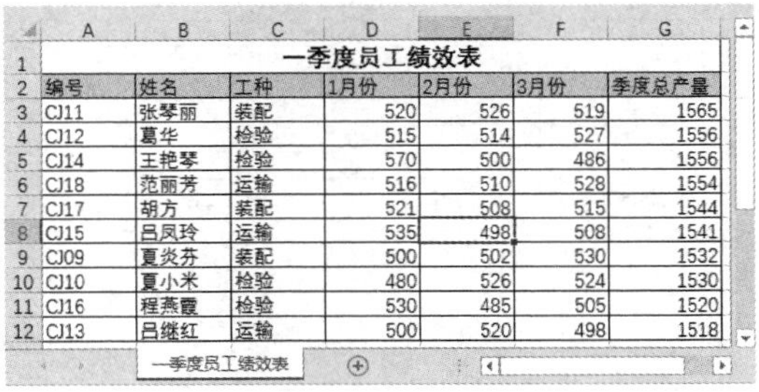

图 4-23　按季度总产量排序后的效果

（2）观察排序后的结果，"葛华"与"王艳琴"的季度总产量都是"1556"，为了避免随机排列，此时可添加"1月份"作为"次要关键字"。单击"添加条件"按钮，选择"1月份"作为"次要关键字"，"次序"为降序，如图4-24所示。单击"确定"按钮，排序后的效果如图4-25所示，此时可以看到，因为"王艳琴"1月份产量高于"葛华"，又因为按降序排列，所以虽然总产量两个人一样，但现在"王艳琴"排到"葛华"的前面。

图 4-24　设置主要、次要关键字

A	B	C	D	E	F	G
1		一季度员工绩效表				
2	编号	姓名	工种	1月份	2月份	3月份	季度总产量
3	CJ11	张琴丽	装配	520	526	519	1565
4	CJ14	王艳琴	检验	570	500	486	1556
5	CJ12	葛华	检验	515	514	527	1556
6	CJ18	范丽芳	运输	516	510	528	1554
7	CJ17	胡方	装配	521	508	515	1544
8	CJ15	吕凤玲	运输	535	498	508	1541
9	CJ09	夏炎苏	装配	500	502	530	1532
10	CJ10	夏小米	检验	480	526	524	1530
11	CJ16	程燕霞	检验	530	485	505	1520
12	CJ13	吕继红	运输	500	520	498	1518

图 4-25　按主要、次要关键字排序后的效果

4.3.2　筛选员工绩效表数据

1．自动筛选

（1）选中表格中任意一单元格区域，在"数据"功能区的"排序和筛选"组中单击"筛选"按钮，则表格标题的每一字段旁边都出现一个下三角按钮，如图4-26所示。

A	B	C	D	E	F	G
1		一季度员工绩效表				
2	编号	姓名	工种	1月份	2月份	3月份	季度总产量
3	CJ11	张琴丽	装配	520	526	519	1565
4	CJ14	王艳琴	检验	570	500	486	1556
5	CJ12	葛华	检验	515	514	527	1556
6	CJ18	范丽芳	运输	516	510	528	1554
7	CJ17	胡方	装配	521	508	515	1544
8	CJ15	吕凤玲	运输	535	498	508	1541
9	CJ09	夏炎苏	装配	500	502	530	1532
10	CJ10	夏小米	检验	480	526	524	1530
11	CJ16	程燕霞	检验	530	485	505	1520
12	CJ13	吕继红	运输	500	520	498	1518

图 4-26　自动筛选

（2）单击"工种"旁的下三角按钮，打开"数字筛选"菜单，勾选"检验"复选框，则"检验"工种都被筛选出去，效果如图 4-27 所示。

图 4-27 自动筛选"工种"列

2. 自定义筛选

单击"季度总产量"旁的下三角按钮，打开"数字筛选"菜单，选择"大于或等于"命令，弹出"自定义自动筛选方式"对话框，在"大于或等于"后面的文本框中输入"1540"，如图 4-28 所示，单击"确定"按钮，效果如图 4-29 所示。

图 4-28 自定义自动筛选方式设置　　　　　图 4-29 自定义条件自动筛选的效果

3. 高级筛选

（1）在 A14:B15 单元格区域输入如图 4-30 所示筛选条件。

（2）选中表格中任意一单元格区域，在"数据"功能区的"排序和筛选"组中单击"高级"按钮，弹出"高级筛选"对话框，"方式"选中"在原有区域显示结果"，"列表区域"文本框中输入"$A$2:$G$12"，"条件区域"文本框中输入"一季度员工绩效表!$A$14:$B$15"，如图 4-31 所示。单击"确定"按钮，出现如图 4-32 所示筛选效果。

图 4-30 设置高级筛选条件

图 4-31 高级筛选条件设置

图 4-32　高级筛选的效果

4.3.3　对员工绩效表数据进行分类汇总

（1）选中表格中任意一单元格区域，在"数据"功能区的"排序和筛选"组中单击"排序"按钮，弹出"排序"对话框，设置"主要关键字"为"工种"，"排序依据"为"数值"，"次序"为"升序"，如图 4-33 所示。单击"确定"按钮，排序后的效果如图 4-34 所示。

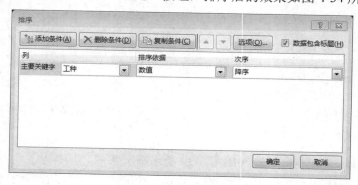

图 4-33　排序参数设置

		一季度员工绩效表				
编号	姓名	工种	1月份	2月份	3月份	季度总产量
CJ11	张琴丽	装配	520	526	519	1565
CJ17	胡方	装配	521	508	515	1544
CJ09	夏炎芬	装配	500	502	530	1532
CJ18	范丽芳	运输	516	510	528	1554
CJ15	吕凤玲	运输	535	498	508	1541
CJ13	吕继红	运输	500	520	498	1518
CJ14	王艳琴	检验	570	500	486	1556
CJ12	葛华	检验	515	514	527	1556
CJ10	夏小米	检验	480	526	524	1530
CJ16	程燕霞	检验	530	485	505	1520

图 4-34　按"工种"排序的效果

（2）在"数据"功能区的"分级显示"组中单击"分类汇总"按钮，弹出"分类汇总"对话框，选择"分类字段"为"工种"，"汇总方式"为"求和"，"选定汇总项"为"季度总产量"，并将汇总结果显示在数据下方，如图 4-35 所示。单击"确定"按钮，分类汇总后的效果如图 4-36 所示。

图 4-35　分类汇总设置

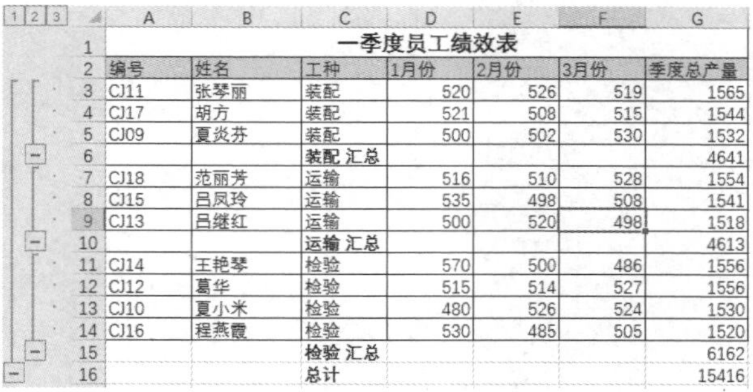

图 4-36　分类汇总后的效果

4.3.4　创建数据透视表和数据透视图

（1）将光标放置在数据区中任意一单元格，在"插入"功能区的"表格"组中单击"数据透视表"按钮，弹出如图 4-37 所示对话框。

图 4-37　创建数据透视表设置

（2）单击"确定"按钮，弹出如图 4-38 所示"数据透视表字段"设置界面。

（3）在"数据透视表字段"窗格中将"工种"字段拖动到"报表筛选"下拉列表框中，数据表中将自动添加筛选字段，然后用同样的方法将"姓名"和"编号"字段拖到"报表筛选"下拉列表框中。

（4）使用同样的方法按顺序将"1 月份"、"2 月份"、"3 月份"、"季度总产量"字段拖到"数值"下拉列表框中，如图 4-39 所示。

（5）在创建好的数据透视表中单击"工种"字段后的下三角按钮，在打开的下拉列表框中选择"检验"选项，如图 4-40 所示。单击"确定"按钮，即可在表格中显示该工种下所有员工的汇总数据，如图 4-41 所示。

图 4-38　创建数据透视表参数设置界面（一）

图 4-39　创建数据透视表参数设置界面（二）

图 4-40　创建数据透视表"工种"的设置

图 4-41　对汇总结果进行筛选

4.4　制作学生构成比例饼图

➡ 项目情境

公司在人才市场新招聘了一批员工，来自不同的大学，张处长想了解这批员工的学历情况，就让夏小雪统计不同学历的学生分别占总学生的百分比，统计后制作一份"学生构成比例"表格，同时根据该表格制作一张"学生构成比例图"，以便总经理查看最新引进员工的学历情况。

➡ 实训目的

（1）掌握依据表格中数据生成图表的方法。

（2）掌握图表编辑的方法。

⊙ 实训内容

制作"学生构成比例饼图",原始数据如图4-42所示。

图4-42　"学生构成比例"表原始数据

4.4.1　插入图表

(1)选中A2:A6单元格区域,按住"Ctrl"键,再选中C2:C6单元格区域,如图4-43所示。

图4-43　选择不连续的两列

(2)在"插入"功能区的"图表"组中单击"插入图表"按钮,在"所有图表"选项卡中选择"饼图",在"图表类型"中选择"三维饼图",如图4-44所示。

图4-44　图表类型设置

（3）单击"确定"按钮，选中图表，在"图表工具"扩展功能区中单击"设计"选项卡，在"图表样式"组中选择"样式3"，效果如图4-45所示。

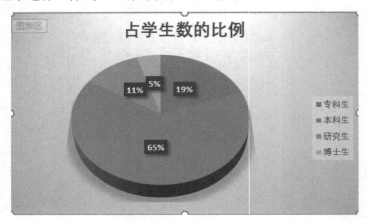

图4-45　生成带有比例的饼图

4.4.2　更改图表标题和图例的位置

双击图表标题"占学生比例"，直接修改为"大学生构成比例"；选中图表，在"图表工具"扩展功能区中单击"设计"选项卡，在"图表布局"组中单击"添加图表元素"下拉箭头，选择"图例"中的"底部"选项，单击，设置后的效果如图4-46所示。

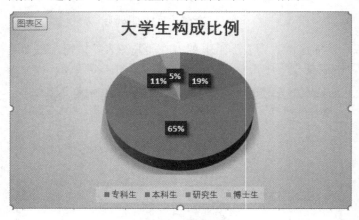

图4-46　设置图表标题和图例位置

4.4.3　移动图表位置

选中图表，将光标移动到图表右下角的小圆圈上，当出现对角线箭头（从矩形左上到右下）时，按住鼠标左键进行拖放，改变图表大小，并将改变大小的图表移动到A9:C22单元格区域内，设置后的效果如图4-47所示。

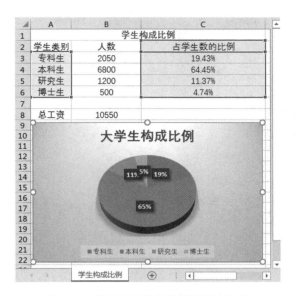

图 4-47　将图表缩放并放置到指定位置

项目 5

演示文稿软件 PowerPoint 2016

5.1 制作岗位竞聘演示文稿

➡ 项目情境

王尔培在结束了 3 个月的实习期后，需要在同组 4 个实习生中进行经理助理的岗位竞聘，如果竞聘成功，就可以签订用人合同成为公司的正式员工，否则就要离开公司重新寻找工作。

➡ 实训目的

（1）掌握演示文稿的创建方法。

（2）掌握在演示文稿中插入新幻灯片、文本框、形状和艺术字的方法，并可以进行属性的修改。

（3）掌握修改幻灯片设计模板，进行统一格式设置的方法。

➡ 实训内容

使用 PowerPoint 2016 制作"岗位竞聘"演示文稿，如图 5-1 所示。

5.1.1 制作"封面"幻灯片

（1）启动 PowerPoint 2016 后，以"引用"模板创建演示文稿，修改模板字体为"绿色"，在标题框中输入"经理助理岗位竞聘"，字号为"80"。副标题框中输入"实习生：王尔培"，修改字号为"24"，对齐方式为"右对齐"，如图 5-2 所示。

图 5-1　"岗位竞聘"演示文稿

图 5-2　"封面"幻灯片

　　（2）插入"仅标题"版式幻灯片，修改演示文稿的模板为"蓝色"的"柏林"，调整标题与副标题的位置，如图 5-3 所示。

图 5-3　修改模板

5.1.2　制作"目录"幻灯片

（1）在第 2 张幻灯片标题框中输入"目录"，修改文字格式为"54 号，黑体"。插入 1 个"流程图：顺序访问存储器"的形状，修改样式为"强烈效果-青绿，强调颜色 1"，形状里添加文字"01"，字体为"华文琥珀"，字号为"18"，颜色为"白色"。

（2）复制多份这个形状后，修改相应的文字内容。继续插入文本框，输入目录内容，修改文字格式为"24 号，宋体"，中文字体颜色为"白色"，英文颜色为"白色，文字 1，深色 50%"。在标题框右侧插入一个文本框，输入"助理竞聘"，格式为"32 号，华文琥珀"，颜色为"青绿，背景 2，淡色 80%"，如图 5-4 所示。

图 5-4　"目录"幻灯片

（3）为了重点显示"目录"幻灯片，需要修改这张幻灯片的背景色。选中该幻灯片后，在"设计"功能区的"背景"组中，修改"背景格式"为"纹理填充"，选择"纹理"为"新闻纸"。最后将中文文本的颜色改为"黑色"，如图 5-5 所示。

（4）切换到"幻灯片母版"中，在"标题与内容"版式和"仅标题"版式中修改标题框中的文字字体为"黑体"，字号为"54"。

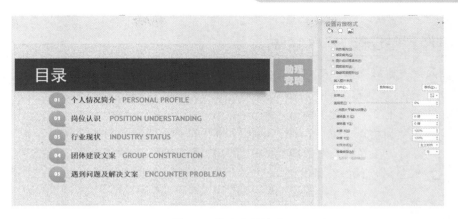

图 5-5 修改背景格式

5.1.3 制作"自我介绍"幻灯片

（1）新建"仅标题"版式幻灯片，标题框中输入"自我介绍 SELF INTRODUCTION"，修改英文字号为"20"。插入"素材"文件夹中的"头像.jpg"图片，图片样式修改为"柔化边缘椭圆"，添加"靠下"的透视阴影。

（2）在图片下方插入文本框，输入"王尔培"，文本框右侧插入"素材"文件夹中的"标识.png"图片。将"王尔培"文本框和该图片组合成一个对象，放在图片的阴影位置上方。

（3）在标题框右侧插入一个文本框，输入"助理竞聘"，格式为"32 号，华文琥珀"，颜色为"青绿，背景 2，淡色 80%"。

（4）插入文本框，输入文本"工作履历"，绘制一个白色和蓝色的圆形后组合成时间标识。将时间标识复制多份，修改彩色圆形的颜色为"绿色"和"橙色"，添加一条 3.5 磅的白色线条组合成工作时间标识条，插入多个文本框。输入工作履历内容。选择多个文本框左对齐后纵向均匀分布，如图 5-6 所示。

图 5-6 "自我介绍"幻灯片

5.1.4　制作"胜任能力"幻灯片

（1）插入"仅标题"版式幻灯片，标题框中输入"胜任能力 COMPETENCE"，修改英文字号为"20"。在标题框右侧插入一个文本框，输入"助理竞聘"，格式为"32 号，华文琥珀"，颜色为"青绿，背景2，淡色80%"。

（2）绘制一个圆角正方形后，在"形状轮廓"的"粗细"中选择"其他线条"，打开"设置形状格式"窗口，在"填充"中选择"幻灯片背景填充"。在"线条"中选择"实线"，颜色为"青绿，个性色1"，修改线条宽度为"12磅"，联接类型为"棱台"，如图5-7所示。

图5-7　设置形状的填充与线条

（3）单击"效果"选项卡，展开"三维格式"后修改"顶部棱台"为"冷色斜面"，"光源"角度修改为"60度"。

（4）复制绘制好的圆角矩形框，颜色修改为"红色，个性色5"。

（5）绘制两个和圆角矩形边框一样大的圆角矩形，分别修改样式为"强烈效果-红色，强调颜色5"和"强烈效果-青绿，强调颜色5"，右击，在弹出的快捷菜单中选择"另存为图片"。

（6）将保存好的图片插入幻灯片，裁剪成装饰角后复制一份。选中复制的装饰角，单击"排列"组中的"旋转"按钮，将图片"垂直翻转"后，调整好位置，将该图形置于"顶层"。

（7）插入文本框，输入"32 号，黑体"的文字内容，将矩形、装饰角和文本框组合成一个对象，如图 5-8 所示。

图 5-8 组合绘制多个图形

（8）插入多个文本框，输入相关文字，修改字号为"14 号"，字体都设置为"微软黑体"，段落文本对齐方式为"两端对齐"。

（9）绘制一条"白色，1.5 磅"的线条和一个"浅色 1 轮廓，彩色填充-青绿，强调颜色 1"的长条矩形，输入所有的文字内容，修改字号和字体，如图 5-9 所示。

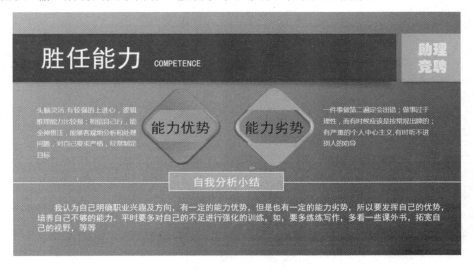

图 5-9 "胜任能力"幻灯片

5.1.5 制作"岗位认知"幻灯片

（1）新建"仅标题"版式幻灯片，在标题框输入"岗位认知 POST COGNITION"，修改英文字号为"20"。在标题框右侧插入一个文本框，输入"助理竞聘"，格式为"32 号，华文琥珀"，颜色为"青绿，背景 2，淡色 80%"。

（2）绘制圆形，修改填充色为双色的"线性渐变"，两个颜色的终止点都是 50%。复制该圆形后删除填充色，修改线条颜色也为同样颜色的双色"线性渐变"，两个形状的相关属性设置如图 5-10 所示。

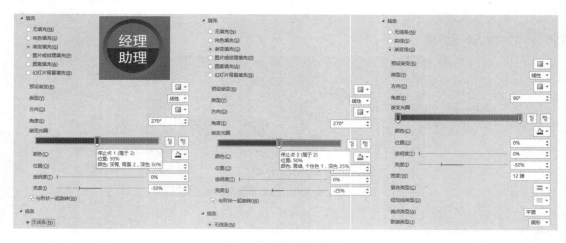

图 5-10　图形属性设置

（3）绘制多条 1.5 磅线段，颜色为"青绿-背景 2，深色 50%"，组合为分支指示线。再绘制多个矩形，样式为"强调效果-青绿，强调颜色 1"，在图形内依次输入"24 号，黑体"的文本内容。各个图形下侧插入文本框，输入"18 号，黑体"文本内容，如图 5-11 所示。

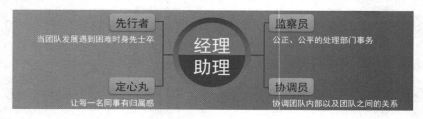

图 5-11　工作角色内容

（4）绘制一条 1.5 磅白色线条和一个样式为"浅色 1 轮廓，彩色填充-青绿，强调颜色 1"的矩形，在矩形里输入"24 号，黑体"文本。矩形下侧插入文本框，输入"18 号，黑体"文本。该幻灯片如图 5-12 所示。

图 5-12　"岗位认知"幻灯片

5.1.6　制作"行业现状"幻灯片

新建"仅标题"版式幻灯片，在标题文本框中输入"行业现状 INDUSTRY STATUS"，修改英文字号为"20"，将素材文件夹中的"图片 1.png"和"图片 2.png"插入幻灯片中，绘制红色矩形，样式为"中等效果-红色，强调颜色 5"，输入"28 号，黑体"的文字内容，如图 5-13 所示。

图 5-13　"行业现状"幻灯片

5.1.7　制作"团队文化与建设文案"幻灯片

（1）新建"仅标题"版式幻灯片，在标题文本框中输入"团队文化与建设文案"，在标题框右侧插入一个文本框，输入"助理竞聘"，格式为"32 号，华文琥珀"，颜色为"青绿，背景 2，淡色 80%"。打开"素材"文件夹，插入图片"3.png"和"图片 4.png"。

（2）选中"图片 3"后，修改图片样式为"映像右透视"，打开窗口，修改"Y 旋转"为"0"。水平位置为从左上角 0.91 厘米，垂直位置为从左上角 8.18 厘米。

（3）选中"图片 4"后，修改图片样式为"映像右透视"，打开窗口，修改"X 旋转"为"20"，"Y 旋转"为"0"。水平位置为"居中，0.04 厘米"，垂直位置为"居中，1.45 厘米"。

（4）插入文本框，输入内容后修改文字格式为"32 号，黑体"。

该幻灯片如图 5-14 所示。

图 5-14　"团队文化与建设文案"幻灯片

5.1.8 制作"可能遇到的问题及解决方案"幻灯片

（1）新建"仅标题"版式幻灯片，在标题文本框中输入"可能遇到的问题及解决方案"，在标题框右侧插入一个文本框，输入"助理竞聘"，格式为"32 号，华文琥珀"，颜色为"青绿，背景 2，淡色 80%"。

（2）插入"素材"文件夹中的"图片 5.jpg"，修改图片样式为"旋转，白色"，添加"半映像，4pt 偏移量"的映像效果。插入文本框输入内容，标题文字的格式为"24 号，黑体"，正文部分的格式为"18 号，黑体"。如图 5-15 所示。

图 5-15 "可能遇到的问题及解决方案"幻灯片

5.1.9 制作"谢谢"幻灯片

（1）新建"空白"版式幻灯片，在幻灯片右侧蓝色方框内插入一个文本框，输入"助理竞聘"，格式为"32 号，华文琥珀"，颜色为"青绿，背景 2，淡色 80%"。

（2）插入样式为"填充-白色，文本 1，阴影"的艺术字"谢谢各位领导聆听"，在"艺术字样式"功能区中单击"文本效果"，在"转换"的"跟随路径"类型中选择"上弯弧"，旋转一定角度后放到幻灯片的左上角。

（3）插入文本框，输入"实习生：王尔培"，在"文本效果"中转换成"倒三角"的弯曲样式，添加"紧密映像，接触"，如图 5-16 所示。

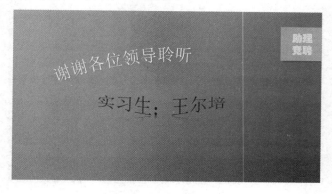

图 5-16 "谢谢"幻灯片

5.2 制作企业员工职业素质培训演示文稿

➡ 项目情境

在王尔培成功竞聘经理助理 1 年后，公司需要对新入职的顾问员工进行职业素质培训，这是他作为助理独立完成的第一个项目。作为一次工作能力的考核，如果这次的培训圆满举行，他可以从普通助理升职到顾问管理层，如果错过这次升迁就要再等 3 年。

➡ 实训目的

（1）掌握演示文稿的母版样式的修改。
（2）掌握在演示文稿中添加动画和修改动画方案的方法。
（3）掌握修改幻灯片切换及幻灯片放映方式的方法。
（4）掌握幻灯片中添加超链接和动作的方法。

➡ 实训内容

使用 PowerPoint 2016 制作"企业员工职业素质培训"演示文稿，如图 5-17 所示

图 5-17 "企业员工职业素质培训"演示文稿

5.2.1 修改幻灯片母版

（1）新建一个"空白演示文稿"模板文件，打开幻灯片母版，修改所有幻灯片背景为"新闻纸"，颜色为"中性"。

（2）修改"标题幻灯片"母版主副标题位置的大小，绘制图形，输入文本"企业员工职业素质培训"，图形样式为"彩色填充-橄榄色，强调颜色 3，无轮廓"。插入"素材"文件夹中的"培训.jpg"图片，置于底层，如图 5-18 所示。

图 5-18 封面幻灯片母版

（3）修改"标题和内容"母版内容占位符和标题占位符的位置，绘制图形，样式为"浅色 1 轮廓，彩色填充–灰色–50%，强调颜色 6"。插入"页码"的页脚，如图 5-19 所示。以同样的方式制作"仅标题"幻灯片母版后关闭母版。

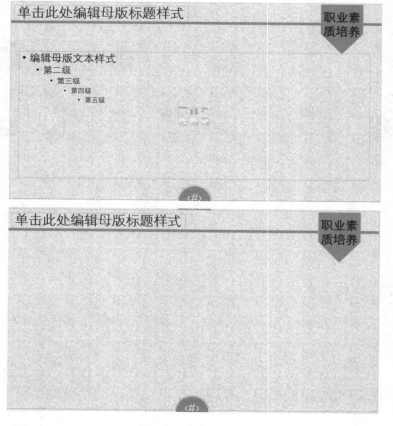

图 5-19 幻灯片母版

5.2.2　制作"封面"和"目录"幻灯片

（1）打开标题幻灯片后，主标题输入"打造金牌顾问"，副标题输入"RULES"，修改字符间距为"加宽"，设置属性，效果如所示。

图 5-20　"封面"幻灯片

（2）对该幻灯片添加"传送带"的切换效果。

（3）新建"仅标题"幻灯片，制作"目录"幻灯片，绘制五边形，样式为"强烈效果-灰色-50%，强调颜色 6"。将每个数字标签和匹配的文本框组合成一个整体，所有组合都添加"向内溶解"的进入动画效果，修改所有动画激活条件为"上一动画同时"，如图 5-21 所示。

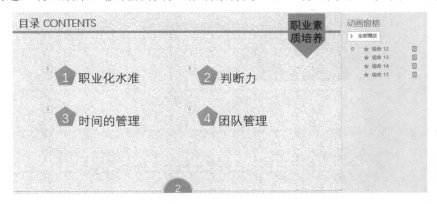

图 5-21　"目录"幻灯片

5.2.3　制作"职业化水准"幻灯片

（1）新建"仅标题"幻灯片，标题输入"一、职业化水准"。从"素材"文件夹中找到"图片 1.jpg"插入幻灯片，在图片工具菜单中删去图片的背景，修改图片高度为"16.75 厘米"、宽度为"16.41 厘米"，图片水平位置为从左上角 0 厘米，垂直位置从左上角 2.16 厘米。

（2）绘制图形，插入文本框，输入"增强职业化素养"。继续绘制圆角矩形，修改形状后添加圆形的形状后组合，输入内容。对"增强职业化素养"文本框添加"脉冲"的强调动画。修改时间为"0.5 秒"，重复"直到幻灯片末尾"，激活条件为"与上一动画同时"，对两个组合形状添加"上浮"和"下浮"的进入动画，时间修改为"0.5 秒"，第二个组合形状的动画激活条件为"上一动画之后"，如图 5-22 所示。

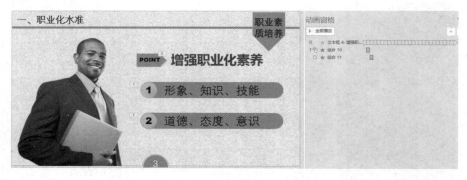

图 5-22 "增强职业化素养"幻灯片

（3）复制这张幻灯片后，修改内容，对"知识改变命运"文本框添加 0.5 秒时长的"脉冲"强调动画，修改重复为"直到幻灯片结束"。修改幻灯片切换为"自右侧"的"推进"切换动画，如图 5-23 所示。

图 5-23 "知识改变命运"幻灯片

（4）复制上一张幻灯片，保留"POINT"形状，修改其他文本内容，如图 5-24 所示。

图 5-24 "态度决定一切"幻灯片

5.2.4　制作"判断力"幻灯片

（1）插入"仅标题"幻灯片，在标题框中输入文本"二、判断力 JUDGMENT"。从"素材"文件夹中找到"图片 2.jpg"插入幻灯片中，放大后置于底层。

（2）复制"POINT"形状，插入文本框，输入内容，对于"培养良好判断力"文本添加同样的"脉冲"强调动画，如图 5-25 所示。

（3）对该幻灯片添加"闪光"的切换动画。

图 5-25　判断力幻灯片

5.2.5　制作"时间管理"幻灯片

（1）插入"仅标题"幻灯片，在标题框中输入"三、时间管理 TIME MANAGEMENT"。

（2）复制"POINT"形状，插入文本框，输入"高效的时间管理"，添加"脉冲"强调动画。

（3）制作多个形状组合输入相关数字标识和内容，如图 5-26 所示。对这张幻灯片添加"自右侧"的"库"切换动画。

图 5-26　"高效的时间管理"幻灯片

（4）复制"时间管理"幻灯片，修改文本框内容为"目标有序完成"。删除形状组合后，绘制多个圆形形状，输入内容。插入文本框输入"高效执行"，复制多份旋转后放于合适的位置，如图5-27所示。对这张幻灯片添加"自底部""平移"的切换动画。

图5-27 "目标有序完成"幻灯片

（5）依次对"年度任务目标"、"周计划"、"高效执行"、"月度计划"、"高效执行"、"季度计划"、"高效执行"添加0.5秒"淡出"的进入动画，对圆形轮廓线添加2秒"轮子"进入动画，除了"年度任务目标"动画激活条件为"鼠标单击"，其他所有动画激活条件均为"上一动画之后"。将圆形轮廓线动画放到"年度任务目标"之后。

5.2.6　制作"团队精神"幻灯片

（1）新建"仅标题"幻灯片，标题框中输入"四、团队精神 TEAM PLAYER"，复制"POINT"形状，插入文本框，输入内容"好的沟通技巧"，添加"脉冲"强调动画。

（2）插入文本框，输入内容，左对齐排列。从"素材"文件夹中找到"图片7.png"，插入幻灯片，缩放到67%，水平位置为从左上角17.99厘米，垂直位置为从左上角2.19厘米，如图5-28所示。给幻灯片添加"涟漪"的切换动画。

图5-28 "好的沟通技巧"幻灯片

（3）复制"好的沟通技巧"幻灯片后，文本框内容修改为"沟通好方法"，删除其余文本框，绘制多个圆形后输入文本，调整圆形上下层的关系，如图 5-29 所示。修改幻灯片切换动画为"页面卷曲"。

图 5-29 "沟通好方法"幻灯片

（4）复制幻灯片，文本框修改内容为"时刻学知识"。删除图片和形状，绘制多个圆形，输入内容，调整上下层关系，如图 5-30 所示。

图 5-30 "时刻学知识"幻灯片

（5）复制幻灯片，修改文本框内容为"我们需要维护"，删除圆形的形状后，重新绘制多个形状组合，输入"居中"对齐的文本，如图 5-31 所示。

图 5-31 "我们需要维护"幻灯片

5.2.7 制作"谢谢"幻灯片

（1）插入"空白幻灯片"，绘制两个矩形，输入文本内容，格式为"115 号，微软雅黑"。为幻灯片添加"日式折纸"切换动画。

（2）在幻灯片内插入"填充–茶色，背景 2，内部阴影"样式的艺术字，输入"REPLAY"，放到形状的右下侧，如图 5-32 所示。插入动作为"单击鼠标"时"超链接到第一张幻灯片"，播放声音为"breeze.wav"，勾选"单击时突出显示"。

图 5-32　谢谢幻灯片

5.2.8 添加超链接

（1）打开"目录"幻灯片，将"职业化水准"文本框超链接到第 3 张幻灯片，"判断力"文本框超链接到第 6 张幻灯片，"时间的管理"超链接到第 7 张幻灯片，"团队管理"文本框超链接到第 9 张幻灯片。

（2）将第 5 张幻灯片的图片超链接到第 2 张幻灯片。

（3）在第 6 张幻灯片中插入图形，输入"返回"并超链接到第 2 张幻灯片。

（4）分别将第 8 张和第 12 张幻灯片的图片超链接到第 2 张幻灯片。

5.2.9 修改幻灯片放映方式

（1）在"幻灯片放映"功能区中设置"放映类型"为"演讲者放映"，修改"换片"方式为"手动"，勾选"显示演示者视图"。

（2）将演示文稿导出为"PowerPoint 97-2003 演示文稿（*.ppt）"类型文件。

（项目 6 标题图）

项目 6

数据库管理系统 Access 2016

6.1 制作联系人资料管理系统

项目情境

潘长城在同组 4 个实习生中进行经理助理的岗位竞聘，成功竞聘上该职位，签订了劳动合同，成为公司的正式员工。在工作中接触到许多不同的人员，通过传统的名片来熟悉这些联系人给他带来很多不便，于是他想使用 Access 来管理这些联系人的资料。

实训目的

（1）掌握 Access 2016 中数据库、数据表、窗体、报表的创建方法
（2）掌握数据表、窗体、报表的设计流程和方法。
（3）掌握 Access 2016 中简单管理系统的制作方法。

实训内容

使用 Access 2016 制作联系人资料管理系统，如图 6-1～图 6-4 所示。

图 6-1　新建空数据库

图 6-2　创建联系人信息表

图 6-3　设计联系人信息窗体　　　　　图 6-4　创建联系人信息报表

6.1.1　新建空数据库

（1）启动 Access 2016，进入 Access 2016 数据库以及数据库模板创建页面，如图 6-5 所示。

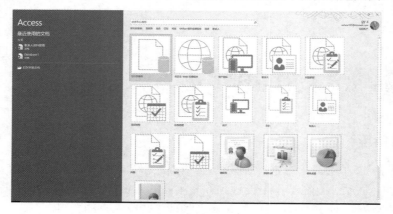

图 6-5　创建页面

（2）单击空白数据库，将文件名更改为"联系人资料管理"，单击"创建"按钮，进入 Access 2016 界面，如图 6-6 所示。

图 6-6　Access 2016 界面

6.1.2　创建联系人信息表

1. 联系人信息表需求分析

联系人名片上的基本信息一般有姓名、公司、职务、电话、地址等，背面可能有关于该公司的介绍或公司生产经营的产品介绍，或者是该联系人的情况介绍。由此设计联系人信息表的各个字段以及字段类型，如表 6-1 所示。

表 6-1　联系人信息表字段设置

字　　段	数 据 类 型	字 段 大 小	是否允许为空	备　　注
ID	自动编号	长整型	否	主键
姓名	短文本	10	否	
公司	短文本	20	是	
职务	短文本	10	是	
电子邮件	短文本	20	否	
业务电话	短文本	20	是	
住宅电话	短文本	20	是	
移动电话	短文本	20	否	
地址	短文本	50	是	
邮政编码	短文本	10	是	
备注	短文本	200	是	

2. 创建联系人信息表

在 Access 2016 界面的"创建"功能区中，在"表格"组中单击"表设计"按钮，进入表格设计界面，如图 6-7 所示。

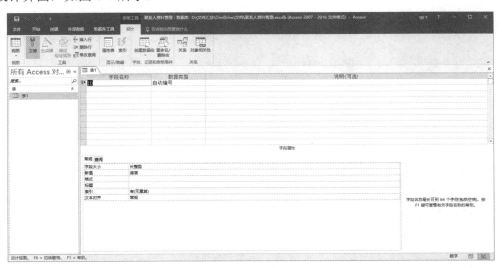

图 6-7　表格设计界面

按照表 6-1 中的内容，在表格设计界面依次输入，具体步骤如下。

（1）进入表格设计界面，输入"字段名称"，选择"数据类型"，如图6-8所示。

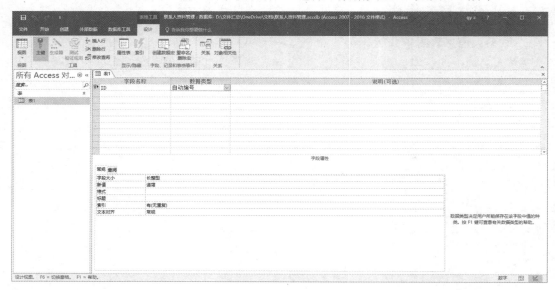

图6-8　表格设计界面——字段

（2）输入"姓名"字段，选择"数据类型"为"短文本"，如图6-9所示。

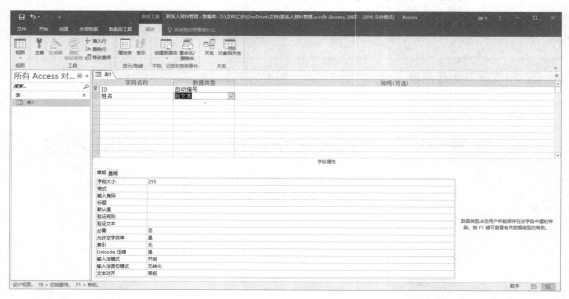

图6-9　表格设计界面——字段类型

（3）在属性区域设置"字段大小"为"10"，如图6-10所示。

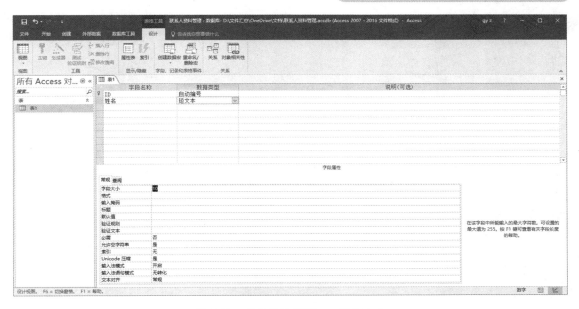

图 6-10　表格设计界面——字段大小

（4）设置属性"允许空字符串"为"空"，如图 6-11 所示。

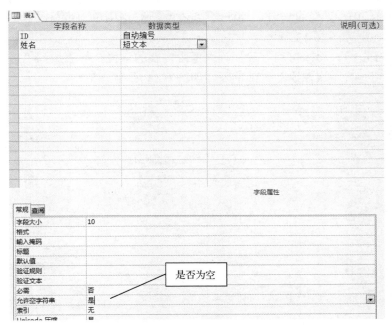

图 6-11　表格设计界面——允许空字符串

（5）依次完成各个字段内容，如图 6-12 所示。

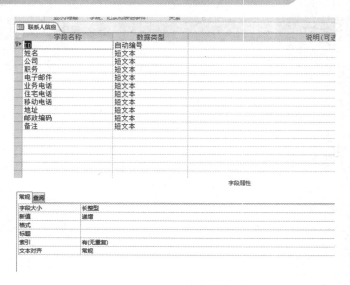

图 6-12　设计界面

6.1.3　设计联系人信息窗体

（1）在 Access 2016 界面的"创建"功能区中，在"窗体"组中单击"窗体向导"按钮 窗体向导，进入窗体向导界面，如图 6-13 所示。

（2）单击按钮 > ，将"可用字段"列表框中需要的字段全部添加到"选定字段"列表框中，或者单击按钮 >> 一次性添加全部字段，如图 6-14 所示。

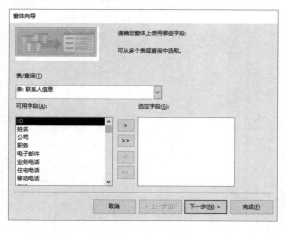

图 6-13　窗体向导界面

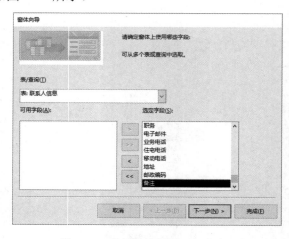

图 6-14　窗体向导界面——字段

（3）单击"下一步"按钮，进入"窗体向导"布局界面，选择"纵栏表"，如图 6-15 所示。

（4）单击"下一步"按钮，输入标题"联系人信息"，选择"修改窗体设计"，如图 6-16 所示。单击"完成"按钮打开窗体设计界面，如图 6-17 所示。

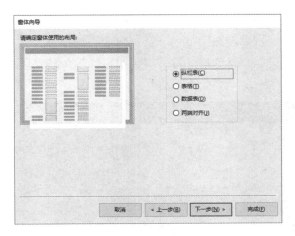

图 6-15 窗体向导界面——布局

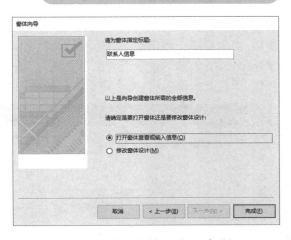

图 6-16 窗体向导界面——标题

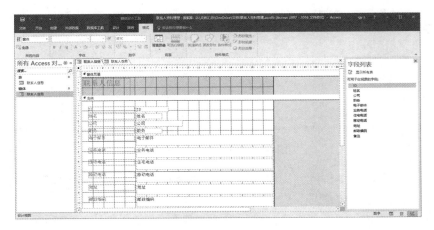

图 6-17 窗体设计界面

（5）调整窗体中文本框、标签的大小和位置，如图 6-18 所示。然后在"设计"功能区的"控件"组中单击"矩形"按钮，添加矩形，将窗体中文本框和标签圈起来。

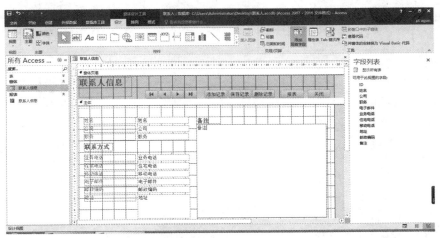

图 6-18 窗体样式

（6）在"控件"组中单击按钮 ⌷xxxx，使用"命令按钮向导"在窗体下方顺序添加记录导航按钮："转至第一项记录"、"转至前一项记录"、"转至后一项记录"、"转至最后一项记录"；记录操作按钮："添加记录"、"保存记录"、"删除记录"；窗体操作按钮："关闭窗体"；报表操作按钮："打开报表"。共9个命令按钮控件，如图6-19所示。

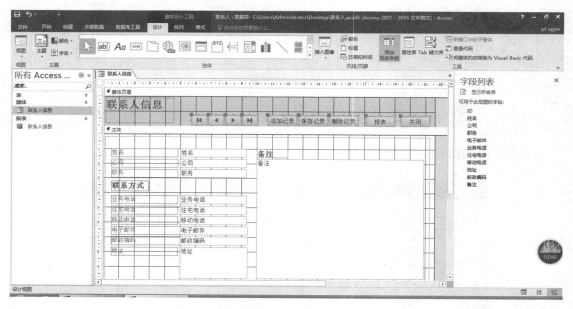

图6-19　窗体样式——按钮

（7）在"控件"组中单击标签按钮 Aa，在窗体页眉左上角位置创建标签控件，"标题"属性设置为"联系人信息"，"字号"属性设置为"20"，"文本对齐"属性设置为"常规"，"字体粗细"属性设置为"浓"，"前景色"属性设置为"红色"，效果如图6-20所示。

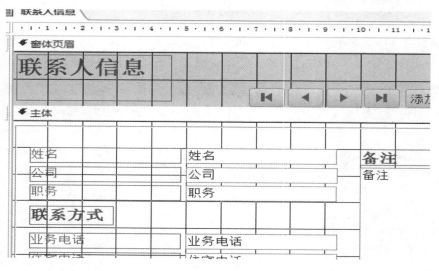

图6-20　窗体样式——标题

（8）切换至窗体视图，"联系人信息"窗体最终效果如图6-21所示。

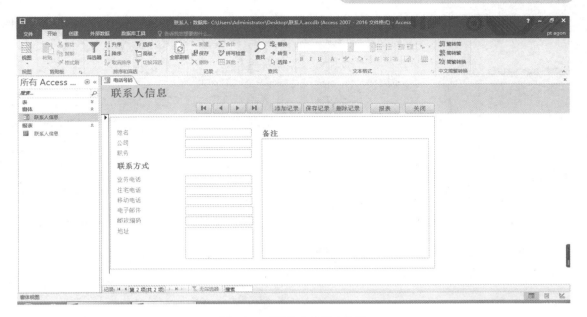

图 6-21　"联系人信息"窗体

6.1.4　创建联系人信息报表

（1）在 Access 2016 界面中选择"创建"功能区，在"报表"组中单击"报表向导"按钮 📊 报表向导，进入报表向导界面，如图 6-22 所示。

（2）单击按钮 ＞ ，将"可用字段"列表框中的需要字段全部添加到"选定字段"列表框中。选择联系人的 4 个重要字段而并非全部字段，如图 6-23 所示。

图 6-22　报表向导界面

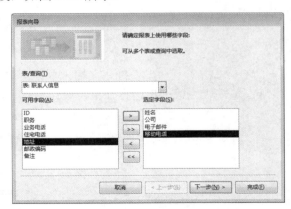

图 6-23　报表向导界面——字段

（3）单击"下一步"按钮，进入"报表向导"分组级别界面，采用默认无分组级别，如图 6-24 所示。

（4）单击"下一步"按钮，进入"报表向导"排序界面，选择排序字段，排序方式为"升序"或"降序"，如图 6-25 所示，选择"姓名"为排序字段，排序方式为"升序"。

图 6-24　报表向导界面——分级

图 6-25　报表向导界面——排序

（5）单击"下一步"按钮，进入"报表向导"布局界面，"布局"选择"表格"，"方向"选择"纵向"，如图 6-26 所示。

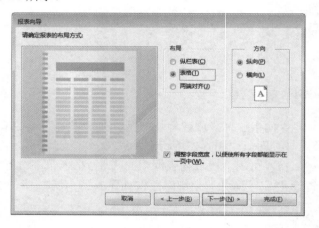

图 6-26　报表向导界面——布局

（6）单击"下一步"按钮，输入标题"联系人信息"，选择"修改报表设计"，如图 6-27 所示。单击"完成"按钮打开报表设计界面，如图 6-28 所示。

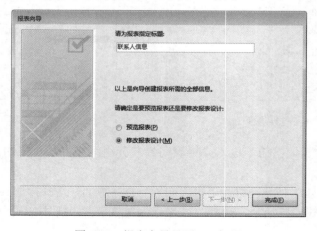

图 6-27　报表向导界面——标题

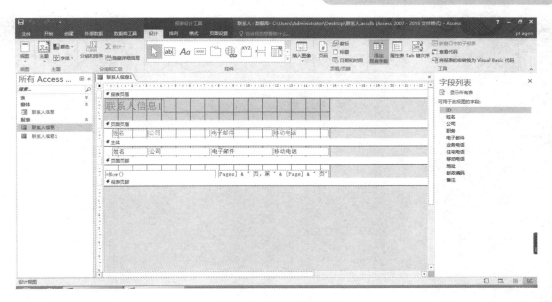

图 6-28 报表设计界面

（7）切换至报表视图，"联系人信息"报表的最终效果如图 6-29 所示。

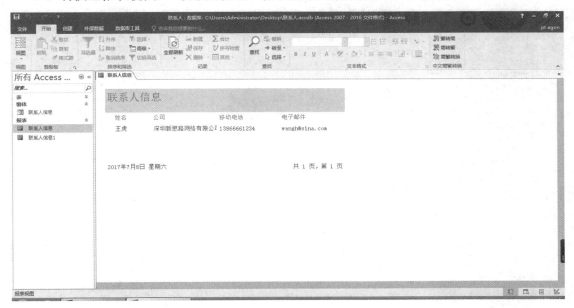

图 6-29 "联系人信息"报表的最终效果

6.1.5 添加联系人信息

创建完成联系人数据表、窗体、报表，联系人信息管理系统建设完成。在导航窗格中选择窗体，双击联系人信息窗体，在当前窗体中添加联系人具体信息，如图 6-30 所示。填写完整后，单击"保存记录"按钮，保存当前联系人信息。单击"报表"按钮，查看记录报表内容，如图 6-31 所示。

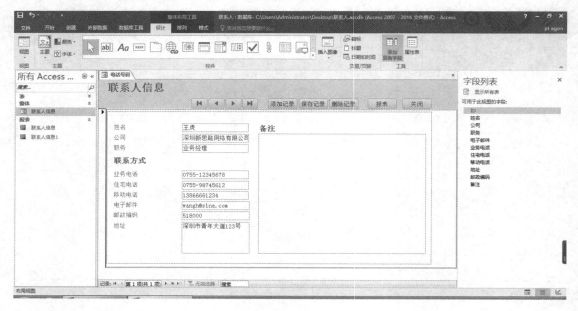

图 6-30　添加联系人信息

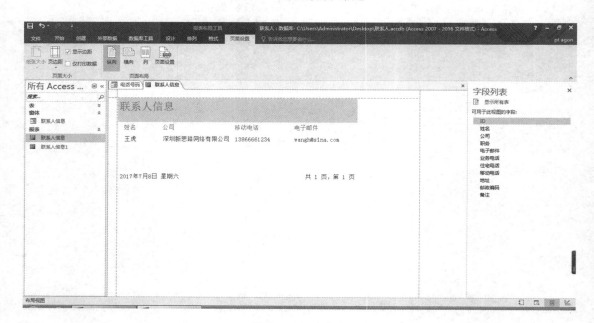

图 6-31　报表内容

6.2　制作业务公司企业资料管理系统

➔ 项目情境

潘长城在业务工作中会接触到许多不同的公司，有的是本公司的原材料供应商，有的是公司产品的销售商，还有的是共同投资的资方公司，于是他使用 Access 来管理这些公司企业的资料，以方便及时处理业务。

实训目的

（1）掌握 Access 2016 中数据库、数据表、窗体、报表的创建方法。

（2）掌握数据表、窗体、报表的设计流程和方法。

实训内容

使用 Access 2016 制作业务公司企业资料管理系统，如图 6-32～图 6-36 所示。

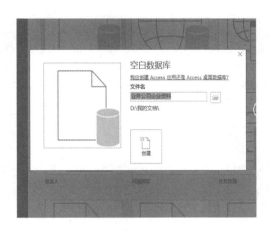

图 6-32　新建业务公司企业资料数据库

图 6-33　设计业务公司企业资料表

图 6-34　创建业务公司企业资料窗体

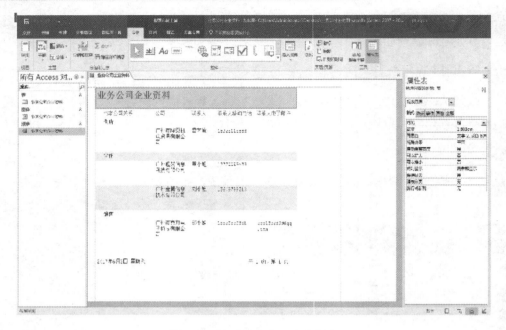

图 6-35　生成业务公司企业报表

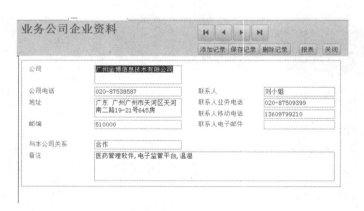

图 6-36　使用窗体添加资料

🟢 实训步骤

6.2.1　新建业务公司企业资料数据库

（1）启动 Access 2016，进入 Access 2016 数据库以及数据库模板创建页面，如图 6-37 所示。

（2）单击空白数据库，将文件名更改为"业务公司企业资料"，单击"创建"按钮，进入 Access 2016 界面。

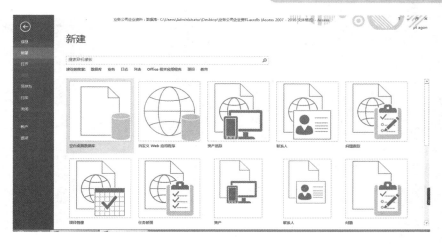

图 6-37 创建页面

6.2.2 设计创建业务公司企业资料表

设计业务公司企业资料表的各字段及字段类型，如图 6-38 所示。

按照图 6-38 中的内容在表格设计界面中依次输入，完成资料表的创建，如图 6-39 所示。

字段	字段类型	字段大小	是否允许为空	备注
ID	自动编号	长整型	否	主键
公司	短文本	50	否	
公司电话	短文本	20	是	
地址	短文本	50	是	
邮编	短文本	6	是	
联系人	短文本	10	否	
联系人业务电话	短文本	20	是	
联系人移动电话	短文本	20	是	
联系人电子邮件	短文本	20	否	
与本公司关系	短文本	20	否	
备注	短文本	100	是	

图 6-38 字段表

图 6-39 资料表的创建

6.2.3 设计制作业务公司企业资料窗体

在 Access 2016 界面中选择"创建"功能区，在"窗体"组中单击"窗体向导"按钮 窗体向导，进入窗体向导界面。使用向导制作窗体的具体步骤如下。

（1）进入向导界面，选择"字段"，如图 6-40 所示。

（2）进行布局，如图 6-41 所示。

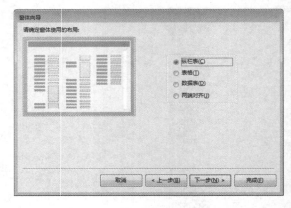

图 6-40　向导界面——字段　　　　　　　图 6-41　向导界面——布局

（3）确定标题，如图 6-42 所示。

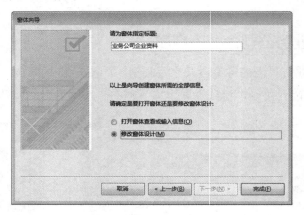

图 6-42　向导界面——标题

（4）完成向导，进入"设计"功能区，如图 6-43 所示。

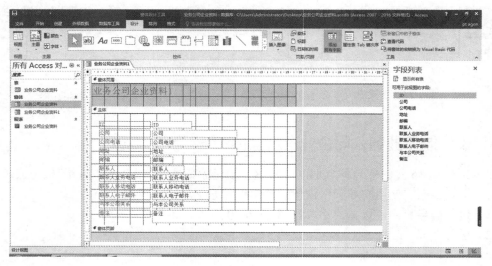

图 6-43　窗体"设计"功能区

（5）完成窗体样式位置调整，如图 6-44 所示。

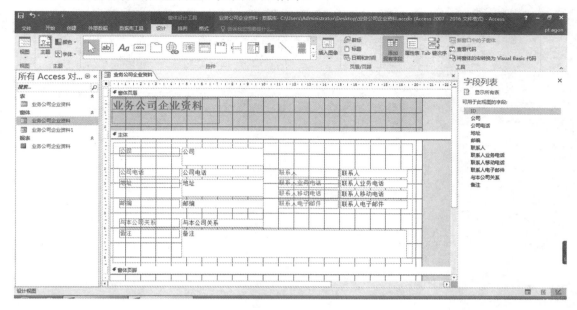

图 6-44 窗体样式

（6）单击"命令按钮向导" ▭▭▭▭ ，在窗体中顺序添加记录导航按钮："转至第一项记录"、"转至前一项记录"、"转至后一项记录"、"转至最后一项记录"；记录操作按钮："添加记录"、"保存记录"、"删除记录"；窗体操作按钮："关闭"；报表操作按钮："报表"。共 9 个命令按钮控件，如图 6-45 所示。

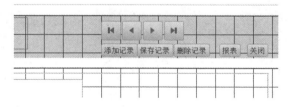

图 6-45 窗体样式——按钮

（7）对于页眉左上角的标签控件，"标题"属性设置为"联系人信息"，"字号"属性设置为"20"，"文本对齐"属性设置为"常规"，"字体粗细"属性设置为"浓"，"前景色"属性设置为"蓝色"，如图 6-46 所示。

图 6-46 窗体样式——标题

（8）"业务公司企业信息"窗体最终效果如图 6-47 所示。

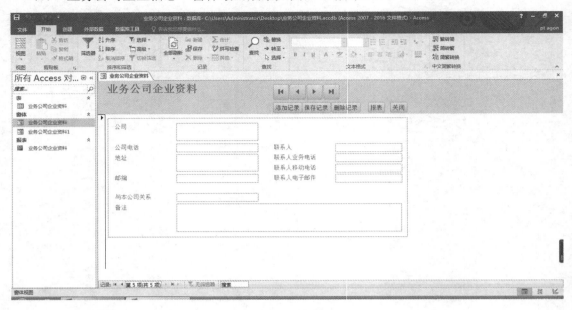

图 6-47　窗体最终效果

6.2.4　使用向导生成业务公司企业资料报表

使用报表向导生成业务公司企业资料报表，具体步骤如下。

（1）选择几个主要字段：公司、联系人、联系人移动电话、与本公司关系，如图 6-48 所示。

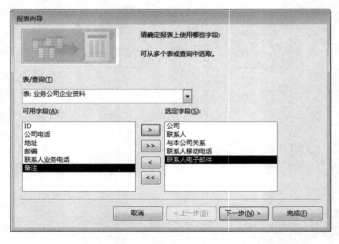

图 6-48　报表向导界面——字段

（2）根据与本公司关系添加分组级别，如图 6-49 所示。

（3）排序调整，按字段"公司"升序排序，如图 6-50 所示。

图 6-49　报表向导界面——分级　　　　　　图 6-50　报表向导界面——排序

（4）进行布局，如图 6-51 所示。

（5）确定标题，如图 6-52 所示。

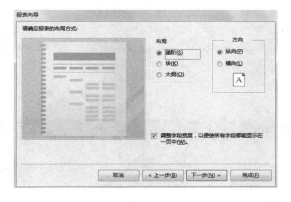 

图 6-51　报表向导界面——布局　　　　　　图 6-52　报表向导界面——标题

（6）完成向导，进入报表"设计"功能区，如图 6-53 所示。

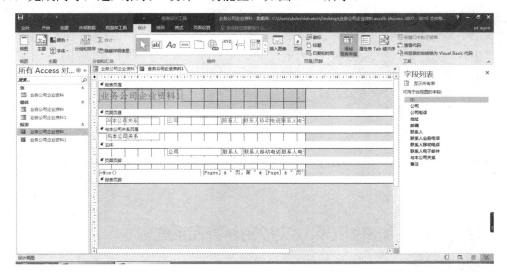

图 6-53　报表"设计"功能区

（7）设置报表中文本框和标签的大小和位置，如图 6-54 所示。

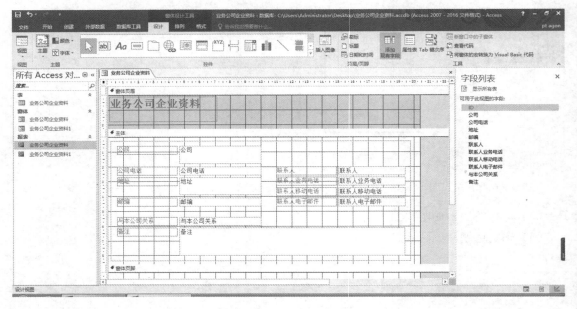

图 6-54　报表样式设置

（8）报表最终效果如图 6-55 所示。

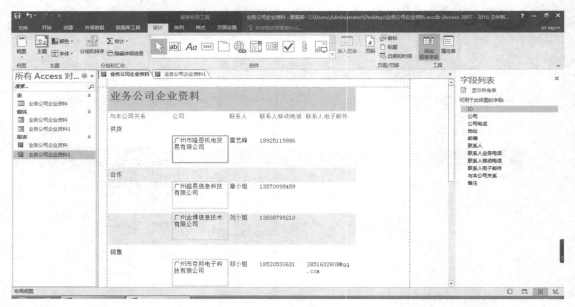

图 6-55　报表最终效果

6.2.5　使用窗体添加资料记录，完成资料管理系统功能

（1）添加资料记录，如图 6-56 所示。

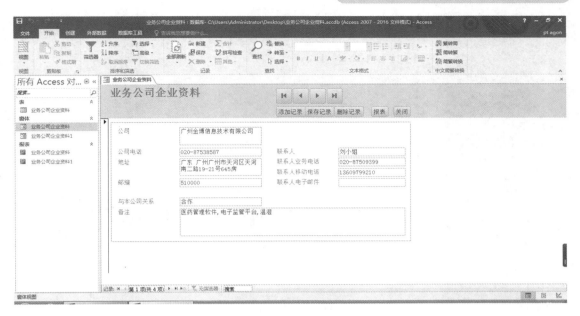

图 6-56　添加资料记录

（2）资料记录生成报表，如图 6-57 所示。

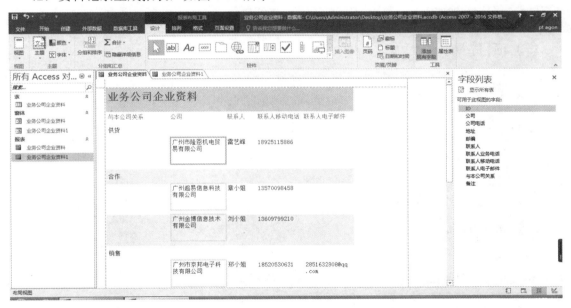

图 6-57　记录报表显示

项目 7

计算机网络和 Internet 应用

7.1　组建家庭局域网

➡ 项目情境

萧小薇同学在公司上班时学到了很多的网络知识，便想给家里安装宽带，把家里的计算机、手机、电视机等设备都连接到一起，利用宽带线路上网。

➡ 实训目的

（1）了解和配置家庭用路由器设备。
（2）能将个人计算机接入家庭网络上网。
（3）能配置无线家庭网络环境，使手机等无线终端接入家庭网络上网。

➡ 实训内容

7.1.1　购买无线路由器和搭建家庭网络环境

现在大部分家庭都是通过宽带接入上网的，为了让家里的计算机、手机、电视机等设备都能利用宽带上网，就需要用到无线路由器设备。

首先我们带上身份证到就近的电信或者联通营业厅办理宽带业务，根据家庭居住小区特点，本项目选择了 50M 的光纤接入套餐。工作人员带着光猫上门安装了宽带。光猫如图 7-1 和图 7-2 所示。家里的计算机通过网线连接到光猫上，就可以上网了。

图 7-1　两口光猫

图 7-2　多功能光猫

如果需要将家里的其他计算机、手机、电视机等设备都连接到宽带光猫上上网，就需要购买一台小型的无线路由器来连接光猫，其他设备如需要上网都连接到无线路由器上。将买来的无线路由器和光猫通过网线连接，无线路由器的 WAN 口接光猫的 LAN 口，无线路由器的 LAN 口连接到计算机上，如图 7-3 所示。

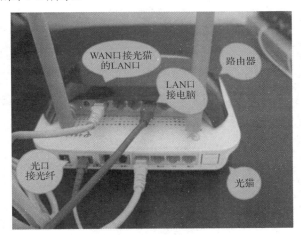

图 7-3　路由器与光猫接口连线示意图

光猫、路由器以及接线的具体拓扑结构如图 7-4 所示。

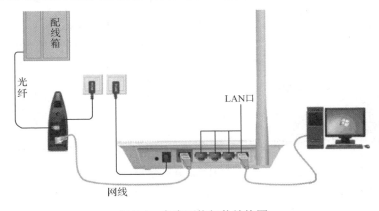

图 7-4　家庭网络拓扑结构图

7.1.2　配置无线路由器

将计算机通过网线（如没有则需要购置）连接到无线路由器（以小米路由器为例）的 LAN 口，找到无线路由器的管理 IP 地址，一般在路由器的背面。也可以通过计算机来查看（计算机的以太网为"自动获得 IP 地址"方式），打开"网络和共享中心"，如图 7-5 所示，单击 以太网，出现如图 7-6 所示对话框。

图 7-5　网络和共享中心

单击按钮 详细信息(E)... ，出现如图 7-7 所示对话框，找到"IPv4 默认网关"为"192.168.31.1"，这就是无线路由器的管理 IP 地址。

图 7-6　"以太网状态"对话框

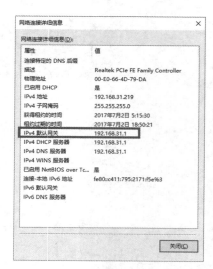

图 7-7　"网络连接详细信息"对话框

打开 Microsoft Edge 浏览器，在地址栏中输入无线路由器的管理 IP 地址，可以进入无线路由器界面，如图 7-8 所示。

图 7-8　小米路由器欢迎界面

根据提示，单击"同意，继续"按钮，出现如图 7-9 所示界面。

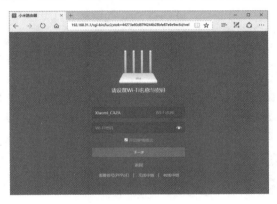

图 7-9　设置 Wi-Fi 名称与密码

输入路由器的"Wi-Fi 名称"和"Wi-Fi 密码"，选中开启"穿墙"模式。单击"下一步"按钮，如图 7-10 所示，选择下拉列表"位置"为"家"，输入管理密码，或勾选"与 Wi-Fi 密码相同"选项，单击"配置完成"按钮，出现提示"路由器重启完成后，即可连接网络"，如图 7-11 所示。至此，路由器基本配置完成。

图 7-10　设置管理密码

图 7-11　路由器配置完后重启

提示：路由器设置内容主要包括 Wi-Fi 名称和密码、管理密码、WAN 口和 LAN 口设置。路由器品牌不同，设置方法大致相同，略有区别，通常情况下 WAN 口的连接端为光猫，WAN 口的设置即路由器上网部分的设置，一般可以自动获取到光猫端过来的信息，LAN 口的设置也不需要更改，只需要注意 LAN 口即局域网设置部分的 IP 地址网段和 WAN 口的 IP 地址网段不要相同即可。

家里笔记本电脑、电视机顶盒等可以通过网线接入到无线路由器的 LAN 口进行上网，手机等无线终端设备可以通过找到无线路由的 Wi-Fi 名称，输入对应的 Wi-Fi 密码就可以进行上网了。

7.2　使用 Microsoft Edge 浏览器

项目情境

萧小薇同学来到鄂州职业大学读旅游管理专业，想了解一下这个专业的相关情况，以及利用周末的时间到鄂州市相关旅游景点逛一逛，体验一下当地的名胜古迹、风土人情。有了这样的想法，萧小薇同学决定先上网找找资料，提前做好准备工作。

实训目的

（1）掌握用 Microsoft Edge 浏览器进行浏览网页、搜索信息、主页设置、网页收藏等。
（2）掌握用 Microsoft Edge 浏览器进行无干扰阅读资料文献、做 Web 笔记等。
（3）掌握用 Microsoft Edge 浏览器搜索地图。

实训内容

7.2.1　用 Microsoft Edge 浏览器浏览网页

打开 Microsoft Edge 浏览器，在地址栏输入"www.ezu.net.cn"，按"Enter"键，如图 7-12 所示。

图 7-12　用 Microsoft Edge 浏览器浏览鄂州职业大学主页

单击"组织机构"→"院系设置",单击其中的"教育与管理学院",如图 7-13 所示,进入自己学院的网站,单击功能栏菜单☆,单击"收藏"按钮收藏该网站,如图 7-14 所示。

图 7-13　进入教育与管理学院网站

图 7-14   收藏网站

7.2.2   用 Microsoft Edge 浏览器搜索信息

打开 Microsoft Edge 浏览器，在地址栏输入"鄂州市旅游景点"，出现如图 7-15 所示界面。

图 7-15   地址栏搜索

单击相关网页链接即可进入相关网页，浏览信息，如图 7-16 所示。

图 7-16　搜索结果中的详细网页

7.2.3　用 Microsoft Edge 浏览器搜索地图

在 Microsoft Edge 地址栏中输入"百度地图",进入百度地图官网,在左边弹出的文本框中输入"西山风景区",如图 7-17 所示。

图 7-17　百度地图官网

单击"搜索"按钮,出现如图 7-18 所示界面,在左边窗格中单击"到这去"按钮。

图 7-18　地图进行路径查询

在弹出的对话框中输入起点"鄂州职业大学"，单击"公交"按钮 🚌 公交，如图 7-19 所示。按"Enter"键或者单击"搜索"按钮 🔍，将出现搜索结果，如图 7-20 所示。

图 7-19　搜索公交路线

图 7-20　显示路线结果

7.2.4　使用 Microsoft Edge 的无干扰阅读模式和做 Web 笔记

在 Microsoft Edge 地址栏中输入"导游业务知识",选择相关网页进行资料浏览学习,如图 7-21 所示。

图 7-21　浏览导游业务知识网页

单击地址栏右边的"阅读模式"功能按钮，进行无干扰阅读，如图 7-22 所示。

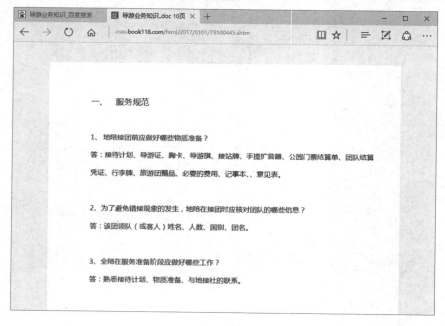

图 7-22　无干扰阅读

如果单击"做 Web 笔记"功能按钮，就可以在文中做相关的 Web 笔记，方便学习和记录，如图 7-23 所示。

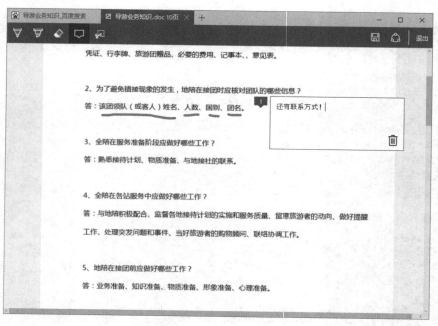

图 7-23　做 Web 笔记

7.3 收发电子邮件

项目情境

在萧小薇同学学习过程中，老师要求每个同学上报个人的电子邮箱地址，并告诉大家会把课程作业发送到每个同学的电子邮箱，要求同学们将作业以电子邮件的方式发送给他。

实训目的

（1）能够申请注册免费电子邮箱账号。
（2）能够收发电子邮件。

实训内容

7.3.1 申请免费的电子邮箱账号

在浏览器中输入电子邮箱的网址"mail.163.com"，按"Enter"键打开"网易邮箱"网站首页，如图7-24所示。

图7-24 "网易邮箱"网站首页

单击按钮 去注册 ，便可以打开注册页面。根据提示输入电子邮箱地址、密码、手机号码、验证码、短信验证码等信息，如图7-25所示，单击按钮 立即注册 ，将看到注册的结果，如图7-26所示，表示电子邮箱注册成功。

图 7-25　输入电子邮箱注册信息

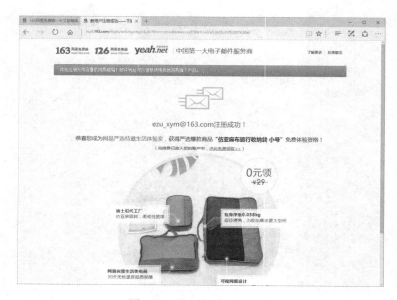

图 7-26　电子邮箱注册成功

7.3.2　发送电子邮件

用前面申请的电子邮箱账号登录邮箱，如图 7-27 所示。

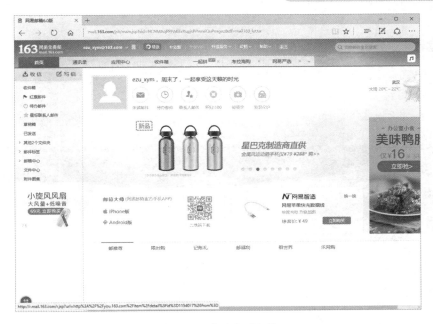

图 7-27　登录电子邮箱

　　在邮件管理页面单击"写信"按钮，在"收件人"文本框中输入收件人的电子邮箱地址，在"主题"文本框中输入电子邮件的主题文字，在"内容"组合框中输入电子邮件的内容，单击"添加附件"按钮，根据提示完成需要发送的作业的上传；在 签名∨ 处，可以设置签名并选择自己的签名，如图 7-28 所示。

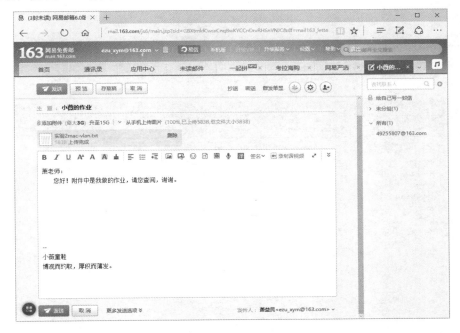

图 7-28　撰写电子邮件并发送

7.3.3　查收电子邮件

登录电子邮箱后，单击"收信"按钮 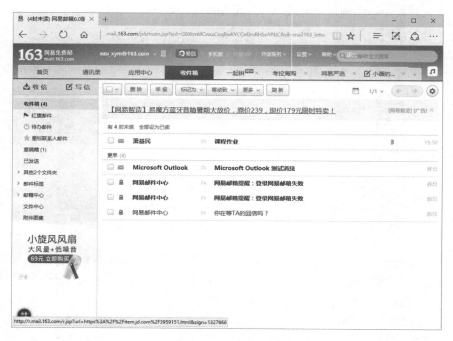 收信，查看自己是否收到新电子邮件，如图 7-29 所示。

图 7-29　接收电子邮件

单击右边"邮件列表"中的电子邮件标题，可以查看电子邮件的详细信息，如图 7-30 所示。

图 7-30　一封邮件的详细内容

提示：现在个人用户可能拥有多个电子邮箱账号，可以根据自己的需要选择对应的电子邮箱服务器申请账号，可以选择使用第三方软件来管理自己的多个电子邮箱。比如用 OutLook 2016 来管理自己的电子邮件账户，收发电子邮件就更加方便。

7.4　使用 IE 11 浏览器购买火车票

➡ 项目情境

萧小薇同学因为学习安排，需要去一趟长沙，去火车站买票不方便，所以想提前在网上购买火车票。

➡ 实训目的

（1）了解铁路客户服务中心网站。
（2）能在网上购买火车票。

➡ 实训内容

7.4.1　打开 12306 网站并收藏

打开 IE 浏览器，在地址栏输入"www.12306.cn"，按"Enter"键进入铁路客户服务中心的网站，如图 7-31 所示。

图 7-31　铁路客户服务中心网站

单击"查看收藏夹、源和历史记录（Alt+C）"功能按钮 ⭐，将该网站添加到收藏夹，如图 7-32 所示。

图 7-32　将网页添加到收藏夹

7.4.2　注册 12306 网站账号并登录

在铁路客户服务中心的网站首页左边单击"网上购票用户注册"按钮，进入到注册页面后，输入相关信息进行注册，如图 7-33 所示。

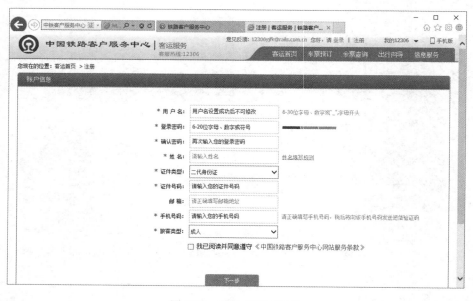

图 7-33　注册 12306 账号

注册成功后，单击"登录"按钮进入如图 7-34 所示登录界面，输入相关信息进行登录，登录成功的界面如图 7-35 所示。

图 7-34　登录 12306 网站

图 7-35　登录成功

7.4.3　购票

因为鄂州到长沙没有直达的火车，需要在武汉进行中转，所以需要先购买从鄂州到武汉的火车票，再购买从武汉到长沙的火车票。

首先在"车票预订"界面的"出发地"文本框中输入"鄂州"，在"目的地"文本框中输入"武汉"，选择好出发日，单击"查询"按钮，出现如图 7-36 所示界面。

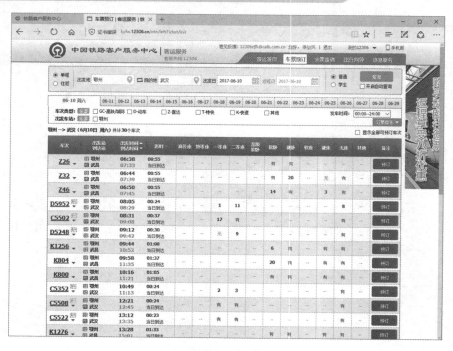

图 7-36　鄂州到武汉的车次查询界面

　　勾选车次类型中的"GC-高铁/城际"和"D-动车"，核对好车次信息，选择对应的车次，如图 7-37 所示。单击"预订"按钮，进行预订支付。

图 7-37　筛选车次类型

　　按照上述方法继续购买从武汉到长沙的车票。进入预订页面，如图 7-38 所示，选择需要购票的乘客信息，或者新增乘客。

图 7-38 选择乘客预订车票

单击"提交订单"按钮，进入如图 7-39 所示界面。

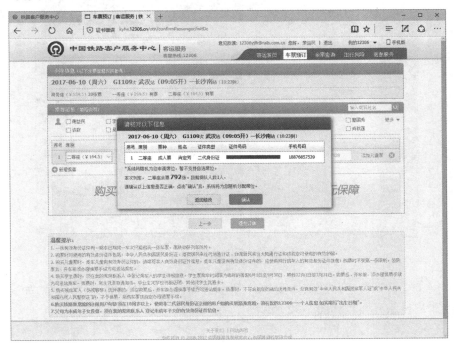

图 7-39 确认购票

单击"确认"按钮后，进入如图 7-40 所示界面。

图 7-40　购票网上支付

图 7-41　选择支付方式

单击"网上支付"按钮，进入如图 7-41 所示界面，选择对应的支付方式，如支付宝方式，进入支付宝账户付款界面，如图 7-42 所示。

图 7-42　支付宝账户付款

　　输入支付宝账户名和密码信息后进行支付，输入支付宝支付密码，单击"确认付款"按钮完成付款，如图 7-43 所示。

图 7-43　确认付款

　　付款成功后单击图 7-44 所示界面中的"支付完成"按钮，弹出如图 7-45 所示界面，显示交易已成功画面，可以仔细核对火车票对应的信息。

图 7-44　支付完成

图 7-45　交易已成功

提示：购票成功后，携带身份证到火车站的自动取售票机器，在触摸屏上选择"取互联网车票"，再根据机器提示一步步操作，就可以打印出火车票了。当然，也可以通过手机上的 APP 软件来购买火车票。